农业农村环境保护投资研究

张铁亮 张永江 刘艳 冯建学 等著

中国财经出版传媒集团
经济科学出版社
Economic Science Press

图书在版编目（CIP）数据

农业农村环境保护投资研究/张铁亮等著．--北京：
经济科学出版社，2023.6
ISBN 978 - 7 - 5218 - 4629 - 4

Ⅰ.①农…　Ⅱ.①张…　Ⅲ.①农业环境保护 - 环保投
资 - 研究 - 中国　Ⅳ.①X322.2

中国国家版本馆 CIP 数据核字（2023）第 049938 号

责任编辑：程辛宁
责任校对：王肖楠
责任印制：张佳裕

农业农村环境保护投资研究

张铁亮　张永江　刘　艳　冯建学　等著
经济科学出版社出版、发行　新华书店经销
社址：北京市海淀区阜成路甲 28 号　邮编：100142
总编部电话：010 - 88191217　发行部电话：010 - 88191522
网址：www. esp. com. cn
电子邮箱：esp@ esp. com. cn
天猫网店：经济科学出版社旗舰店
网址：http://jjkxcbs. tmall. com
固安华明印业有限公司印装
710×1000　16 开　13.25 印张　210000 字
2023 年 6 月第 1 版　2023 年 6 月第 1 次印刷
ISBN 978 - 7 - 5218 - 4629 - 4　定价：78.00 元
（图书出现印装问题，本社负责调换。电话：010 - 88191545）
（版权所有　侵权必究　打击盗版　举报热线：010 - 88191661
QQ：2242791300　营销中心电话：010 - 88191537
电子邮箱：dbts@ esp. com. cn）

著者名单

（按姓氏笔画排序）

于慧梅　王　敬　王安民　冯　伟
冯建学　刘　艳　刘文婧　刘潇威
杨　军　时以群　何声卫　张永江
张铁亮　岳远翔　赵玉杰

前　言

　　农业农村生态环境是农业农村生产发展的物质基础，是乡村振兴的基本支撑，也是绿色发展和生态文明建设的重要载体。因此，加强农业农村生态环境保护意义重大。早在 1970 年 12 月 26 日，周恩来总理接见农林等部门的领导时说："我们不要做超级大国，不能不顾一切，要为后代着想。对我们来说，工业'公害'是个新课题。工业化一搞起来，这个问题就大了。农林部应该把这个问题提出来。农业又要空气，又要水，又不要污染"①，推动我国农业生态环境保护工作序幕开启并不断发展。

　　农业农村生态环境保护是一项系统性工程，涉及多个环境要素、多个行业领域、多个过程环节、多个部门事务，既需要规划、政策的引领与促进，也需要理论、技术的支撑与应用，更需要工程、资金的投入与保障。从属性特点看，农业农村生产生活的外部性特征是产生生态环境问题的重要根源，解决这些问题，需要将外部性内部化，需要采取包括环境投资或补偿在内的综合手段；从产生机制看，农业农村生态环境问题产生是外部污染输入、农业农村内部不合理生产生活方式以及自然变化等污染或破坏强度超出农业农村生态环境的承载能力而导致其生态系统失衡和环境恶化，解决这些问题，需要对污染进行源头控制、过程阻断、末端治理以及采取科学合理的生产生活方式，需要采取理论解析、技术应用与工程建设的综合措施；从功能价值

---

　　① 顾明. 周总理是我国环保事业的奠基人［M］//李琦. 在周恩来身边的日子. 北京：中央文献出版社，1998：332.

i

看，农业具有生产功能、生态功能等多种功能，农业农村生态环境具有重要价值，成为开展农业农村环境保护投资的重要依据和动力，对保障食物供给、保护和改善生态环境、提供良好生态服务意义重大；从持续发展看，农业农村生态环境是农业农村生产发展的物质基础，是人类生存和经济社会发展的"基础的基础"，解决当前农业农村生态环境突出问题、增强基础设施短板弱项，急需真金白银投入、真刀真枪建设，保障可持续发展更需加大环境投资。

环境保护投资是表征一个国家环境保护力度的重要指标，环境保护投资总量、资金来源、资金使用方向和资金使用效率等，对一国的环境状态如何具有重要意义（张世秋，2001）。农业农村环境保护投资是环境保护投资的重要组成。20世纪70年代以来，随着农业农村生态环境保护工作推进、经济社会发展和投资管理体制改革，我国农业农村环境保护投资历经磨砺，投资规模不断扩大，投资范围不断拓宽，投资主体逐渐多元，投资方式逐渐多样，投资管理逐渐规范，逐步形成基本完整的现代投资管理体系，开展了大量工程项目建设，建成了系列环境基础设施，取得了显著生态环境、社会和经济效益，为保护和改善农业农村生态环境提供了重要支撑。近年来，我国经济社会发生深刻变化，农业农村发展绿色转型，乡村振兴战略全面实施，生态文明建设深入推进，投资管理改革不断深化，尤其是人们生态环境意识不断增强、对优美农业农村生态环境和产品诉求日益增长，在折射我国农业农村环境保护投资仍然存在规模结构、法规政策、体制机制等方面诸多问题的同时，也对农业农村环境保护投资提出新的更高要求。新的时代背景下，农业农村环境保护投资要积极顺应新形势新变化，加大力度、优化管理、完善政策，为保护农业农村生态环境、实现乡村全面振兴、建设生态文明等提供有力支撑和保障。

本书试图从环境学、经济学、管理学和农学等多学科交叉视角，界定农业农村环境保护投资的基本内涵，阐述农业农村环境保护投资的理论基础，梳理国外农业农村环境保护投资的主要做法及经验借鉴，分析我国农业农村环境保护投资机制政策与主要特征，评估我国农业农村环境保护投资状况及效益，针对性提出我国农业农村环境保护投资优化的政策建议，可为我国优化农业农村环境保护投资与管理，加强农业农村环境保护，推动农业农村发展全面绿色转型与实现乡村全面振兴等提供支撑。

全书共六章，具体为：第一章，着重界定农业农村环境保护投资的基本概念、对象范围、主要特点、投资主体、资金渠道、投资方式等内涵；第二章，重点阐述外部性理论、公共物品理论、事权划分理论、环境价值理论、可持续发展理论等农业农村环境保护投资相关理论基础；第三章，梳理借鉴美国、欧盟、日本、以色列等国外发达经济体农业农村环境保护投资的主要做法与经验；第四章，系统分析我国农业农村环境保护投资的演变历程、机制政策与主要特征；第五章，评估分析我国农业农村环境保护投资情况及效益；第六章，分析提出我国农业农村环境保护投资优化的政策建议。

本书在撰写过程中，得到多位专家和同学的支持与帮助，在此一并表示感谢。他们是中国农业科学院农业经济与发展研究所麻吉亮副研究员、农业农村部规划设计研究院李纪岳高级工程师、农业农村部工程建设服务中心刘冰心高级工程师，以及浙江大学韩晓雨同学、沈允同学等。

农业农村环境保护投资既是一项经济技术性手段，也是一项社会管理性事务，专业性强、涉及面广、政策性严格、经营管理难度大，对数据分析、投资方式、政策制定等要求较高。本书在撰写过程中，虽广泛搜集与认真整理数据，但仍深受数据获取渠道局限，存在投资数据系统性不强、连续性不足、准确性有瑕等问题，再加之作者水平有限，导致评估分析不全面不深入、与预期目标存在一定距离，在留下遗憾的同时也为后续全面深入研究预留空间。

因此，本书在付稿之际，作者内心颇为忐忑。既有数据受限、相关分析不全面不深入之无奈，也有本领域相关研究较少、可供借鉴参考有限之现实，更有作者水平不高、研究可能存在疏漏乃至错误之顾虑。无论如何，作者仍然本着研究探索、抛砖引玉原则，以期为他人提供参考借鉴也是价值所在。

张铁亮

2023 年 2 月

目　录

第一章

农业农村环境保护投资内涵

农业农村环境保护及投资与时代背景密不可分。党的十八大以来,中国特色社会主义进入新时代,也是我国发展新的历史方位①。新的时代背景下,农业农村环境保护及投资面临新的形势与要求。开展农业农村环境保护投资研究,具有重要意义。首先分析界定农业农村环境保护投资的基本概念、范围对象、主要特点、投资主体、投资方式等内涵,进而为全面深入研究奠定基础。

第一节　研究背景

党的十八大以来,我国经济社会发生深刻变化,农业农村发展绿色转型,投资管理改革不断深化,各方面建设与发展取得历史性成就,对农业农村环境保护投资提出更高要求。

一、经济社会高质量发展,为保护和改善农业农村环境提供重要保障

党的十八大以来,我国经济社会高质量发展深入推进,综合国力持续提

---

① 《中共中央关于党的百年奋斗重大成就和历史经验的决议》,2021 年 11 月 11 日中国共产党第十九届中央委员会第六次全体会议通过。

升。经济总量连续跨越 60 万亿元、70 万亿元、80 万亿元、90 万亿元、100 万亿元和 110 万亿元大关，稳居世界第二大经济体地位，对世界经济的贡献率不断提升。据《中华人民共和国 2021 年国民经济和社会发展统计公报》显示，2021 年我国实现国内生产总值 1143670 亿元，其中第一产业增加值 83086 亿元、占比 7.3%，第二产业增加值 450904 亿元、占比 39.4%，第三产业增加值 609680 亿元、占比 53.3%。人均国内生产总值达到 80976 元，国民总收入为 1133518 亿元。雄厚的经济实力，为开展农业农村环境保护投资建设、解决农业农村环境问题奠定了坚实基础。

进入新时代，我国社会主要矛盾也发生变化，转化为人民日益增长的美好生活需要和不平衡不充分的发展之间的矛盾。人民群众对优美生态环境需要，已成为社会主要矛盾的重要方面。人们对农业农村发展提出新的更高诉求，既期待提供更多绿色优质农产品，又期待提供更多优美环境和生态服务。同时，受益于经济发展，我国居民人均收入和消费支出水平不断提高。据《中华人民共和国 2021 年国民经济和社会发展统计公报》显示，2021 年全国居民人均可支配收入达到 35128 元、中位数 29975 元。其中，城镇居民人均可支配收入 47412 元、中位数 43504 元，农村居民人均可支配收入 18931 元、中位数 16902 元。全国居民人均消费支出 24100 元、恩格尔系数 29.8%。其中，城镇居民人均消费支出 30307 元、恩格尔系数 28.6%，农村居民人均消费支出 15916 元、恩格尔系数 32.7%。随着生活水平的提高、生态环境意识与需求的增强，人们有能力、有意愿投资农业农村环境保护。

二、实现乡村生态振兴，必须尽快弥补农业农村环境基础设施短板

党的十九大作出实施乡村振兴战略的重大决策部署，强调坚持农业农村优先发展，按照产业兴旺、生态宜居、乡风文明、治理有效、生活富裕的总要求，加快推进农业农村现代化。乡村振兴，生态宜居是关键。乡村振兴是包括产业振兴、人才振兴、文化振兴、生态振兴、组织振兴在内的全面振兴。

习近平总书记指出，"以绿色发展引领乡村振兴是一场深刻革命"。[①] 2017 年，中共中央办公厅、国务院办公厅印发《关于创新体制机制 推进农业绿色发展的意见》，对推进农业绿色发展进行系统部署，强调以绿水青山就是金山银山理念为指引，以资源环境承载力为基准，以推进农业供给侧结构性改革为主线，尊重农业发展规律，强化改革创新、激励约束和政府监管，转变农业发展方式，优化空间布局，节约利用资源，保护产地环境，提升生态服务功能，全力构建人与自然和谐共生的农业发展新格局，推动形成绿色生产方式和生活方式，实现农业强、农民富、农村美。

近年来，我国农业农村发展绿色转型取得积极进展，引领乡村振兴实现良好开局。但总体来看，尤其对比广大农民群众需求，我国农业农村生态环境问题仍然比较突出，特别是环境基础设施和物质装备是最大短板。在农村人居环境方面，依然有 30% 左右的农户在使用传统旱厕，近一半的农户厕所粪污没有得到无害化处理；70% 左右的农户生活污水没有得到处理，村庄生活污水乱倒乱排，黑水臭水漫流现象依然存在；40% 左右的农村生活垃圾得不到无害化处理（王程龙，2020）。据初步测算，仅完成改善人居环境、污水治理和厕所革命这农村"三大革命"，就要投资 3 万亿元以上（韩长赋，2018），存在巨大资金缺口。在农业生态环境方面，全国仍有一半左右的耕地缺少灌溉设施，现有灌溉工程老化失修问题严重，影响农田灌溉节水和高标准农田建设；农业面源污染量大面广、随机性和不确定性强，资金投入不足、防治设施薄弱，远远不能满足污染防治需求；农作物秸秆综合利用、废旧农膜捡拾回收与处理、病死畜禽存储与无害化处理等方面的设施设备建设不足，导致农业废弃物资源化利用水平有待提高。因此，推进农业农村发展全面绿色转型，引领实现乡村生态振兴，必须尽快弥补环境基础设施短板。

---

① 走中国特色社会主义乡村振兴道路（2017 年 12 月 28 日）[M]//论坚持全面深化改革. 北京：中央文献出版社，2018：404－405.

三、投资管理改革深化，对农业农村环境保护投资提出新的要求

近年来，中央出台《关于全面深化改革若干重大问题的决定》《关于深化投融资体制改革的意见》《关于推进中央与地方财政事权和支出责任划分改革的指导意见》《政府投资条例》等系列政策，深化投资管理改革，推动投资目标作用、管理方式等发生深刻变化。一是投资的目标作用发生转变。党的十八大以来，面对经济发展的新形势、新任务、新挑战，尤其"三期叠加"的经济下行压力，中央实施区间调控、定向调控、相机调控等，推动投资目标作用由扩大总需求、促进经济增长逐渐向保持经济平稳、结构优化升级、区域协调发展转变。二是规范约束政府投资。明确政府投资资金应当投向市场不能有效配置资源的公共基础设施、农业农村、生态环境保护等公共领域的项目，以非经营性项目为主。强调政府投资资金按项目安排，以直接投资方式为主；对确需支持的经营性项目，主要采取资本金注入方式，也可以适当采取投资补助、贷款贴息等方式。深入推进"简政放权、放管结合、优化服务"，强化项目建设事中事后监管，进一步优化中央与地方投资方向、范围。三是鼓励引导社会投资。强调发挥政府投资资金的引导和带动作用，鼓励社会资金投向公共领域项目，并大力推广政府与社会资本合作（public-private partnership，PPP）模式；确立企业投资主体地位，原则上由企业依法依规自主决策投资行为；优化管理流程，规范企业投资行为。

作为投资的重要领域，农业农村建设投资也面临转型。一是投资渠道由单一向多元转变。受经济下行压力影响，财政收入放缓，政府农业投资总量增长空间收窄，农业农村建设存在巨大资金缺口，亟须拓展投资渠道。国家统计局数据显示，2021年第一产业固定资产投资（不含农户）14275亿元，其中民间固定资产投资达到9691亿元（邓小刚，2022），表明大量的社会投资是第一产业基础设施建设的主力。这就需要在稳定政府投资的基础上，充分发挥引导和带动作用，扩大与社会资本合作，引导大量社会资本投入农业农村、生态环境等领域。二是投资管理由注重审批的事前管理向管理与服务

并重的事中事后管理转变。长期以来，注重投资争取、投资审批在促进农业农村建设的同时，也存在项目建设质量不高、投资效益不理想等问题。随着"简政放权、放管结合、优化服务"深入推进，项目建设的事中事后监管日益成为投资管理新常态。"一个专项一个管理办法"的深入推进，进一步规范和制约农业农村投资审批权，有力保障项目建设质量与投资效益。三是投资目标由注重增产向稳产能和绿色可持续并重转变。近年来，我国深入推进农业供给侧结构性改革，持续转方式、调结构，注重补短板、强弱项、提能力，在坚持农业综合生产能力稳定提升的同时，更加重视农业环境污染治理、农村人居环境整治、农业生态保护等农业农村绿色发展，引导投资目标发生转变。这些都对农业农村环境保护投资提出了新的要求，也将深入推动农业农村环境保护投资发展。

四、农业农村环境保护投资研究与实践取得成效，但仍需深入推进

随着农业农村环境保护工作开展和人们对农业农村环境需求增加，社会各界关于农业农村环境保护投资的研究与实践日益增多，取得积极进展。在研究方面，王文军（2006）、刘小鹏（2006）、刘洪彬（2008）、鞠洪良（2010）、张燕（2012）、唐建兵（2014）、王夏晖（2015）、李靖（2015）、吴迪（2018）、周清波（2019）、牛坤玉（2019）、董杨（2020）等学者，重点围绕农业农村环境保护投融资现状、问题、需求、机制、渠道、模式、效率、政策、法律等进行了探索研究，为推动农业农村环境保护投资工作提供了重要理论支撑。在实践方面，我国主要开展了涉及农业农村环境保护投资的调查统计、投资审批与下达、项目建设、政策制定、投资管理等系列工作。例如，在调查统计上，制定实施"全国农业资源环境信息统计调查制度""全国农村可再生能源统计调查制度""农业及相关产业统计分类（2020）"；在2007年政府收支分类科目中增设"211环境保护"账户等；在政策制定与投资管理上，制定出台《政府投资条例》《农业绿色发展中央预算内投资专项管理办法》《农村人居

环境整治中央预算内投资专项管理暂行办法》等，为推动、规范农业农村环境保护投资，加强和改善农业农村生态环境提供了重要保障。

总体来看，随着农业农村环境保护投资形势发展，已有研究与实践在一定程度上不能满足需要。一是内涵界定不明确。上述研究与实践对农业农村环境保护投资的内容、主体、方式等进行了探索，但仍未清晰阐述其基本概念、对象范围、主要特点、投资主体与方式等，尚未在理论层面统一界定农业农村环境保护投资的内涵，即没有明确"什么是""是什么""谁投资""投资谁""怎么投"等问题。二是统计口径不统一。目前开展的相关政府收支分类、农业及产业统计、农业资源环境统计调查等工作，已涉及农业农村环境保护投资内容，但存在内容分散、不全面、不完整问题，统计口径不统一，不利于数据的及时准确获取与全面系统分析。三是投资管理不完善。目前，农业农村环境保护投资管理主要遵循农业投资、环境保护投资管理的相关规定，即使已制定涉及农业农村环境保护投资的相关专项管理办法，但也存在内容欠缺、分散等问题，管理不系统、不完善。因此，深入系统研究农业农村环境保护投资问题必要而迫切。

第二节　基　本　概　念

农业农村环境保护投资是农业农村投资、环境保护投资的重要组成，也是投资的一个方面。在梳理借鉴投资、环境保护投资相关概念的基础上，结合农业农村环境保护实际，探索提出农业农村环境保护投资、政府农业农村环境保护投资概念，解决"是什么"的身份问题，是开展全面研究的基础和前提。

一、投资

投资是经济学中的一个重要概念，也是现代经济生活中的一项重要内容。

国内外学者对投资开展了诸多研究，不断丰富投资的概念与内涵。例如，汉姆·列维（Haim Levy，1999）认为投资就是利用金融资本努力创造更多的财富；威廉·夏普（William F. Sharpe，1998）则定义投资为未来收入货币而奉献当前的货币；保罗·萨缪尔森（Paul A. Samuelson，1998）从宏观经济分析角度定义投资，"对于经济学者，投资的意义总是实际资本的形成——增加存货的生产，或新工厂、房屋和工具的生产……只有当物质资本形成时，才有投资"[1]；《辞海》（1979年）将投资定义为，在资本主义制度下为获取利润而投放资本于国内或国外企业的行为，在社会主义制度下一般是指"基本建设投资"；《投资辞典》（1992年）对投资的解释，是指"经济主体（国家、企业或个人）垫支货币或物资以获取价值增值手段或营利性固定资产的经济活动，投资有广义和狭义之分，广义上包括固定资产投资、流动资产投资和证券投资，狭义上仅指固定资产投资。投资应当包括投资主体、投资客体、投资目的和投资方式这四个要素，四者缺一不可"[2]。随着我国经济社会的不断发展和人们认知水平、理论研究等的不断深入，投资的内涵和外延也在不断变化。综合来看，投资是指特定经济主体为获得预期收益、资金增值或相关资产，在一定时期内向一定领域投放一定数额的资金或实物的货币等价物的经济行为。

可见，投资是一个多层次、多侧面概念。投资主体（投资者）、投资客体（对象范围）、投资目的、投资方式等，是投资的基本要素。按照投资主体，可分为政府投资、社会投资和外商投资等；按照投资领域，可分为生产性投资、非生产性投资；按照投资目的，可以分为经营性投资和非经营性投资；按照投资方式，可分为直接投资、间接投资等。

二、固定资产投资

从广义上讲，固定资产投资是投资的一种类型。固定资产投资是以货币

---

① 保罗·萨缪尔森，威廉·诺德豪斯. 经济学 [M]. 萧琛，译. 北京：商务印书馆，1998.

② 徐文通. 投资辞典 [M]. 北京：中国人民大学出版社，1992.

形式表现的、在一定时期内建造和购置固定资产的工作量以及与此有关费用的总称。

固定资产投资分类，主要有包括这样几种方式：

（1）按构成成分，固定资产投资一般包括建筑工程固定资产投资、安装工程固定资产投资、设备工器具购置固定资产投资、其他固定资产投资等。

（2）按领域分，固定资产投资一般可分为基础设施固定资产投资、制造业固定资产投资、房地产开发固定资产投资等。

（3）按建设性质分，固定资产投资一般可分为新建、扩建、改建和技术改造、单纯建造生活设施、迁建、恢复、单纯购置等方面的投资，但农户投资不划分建设性质。

（4）按国民经济行业分，固定资产投资又可分为第一产业固定资产投资、第二产业固定资产投资、第三产业固定资产投资等，其中第一产业指农、林、牧、渔业（不含农、林、牧、渔服务业），第二产业指采矿业（不含开采辅助活动）、制造业（不含金属制品、机械和设备修理业）、电力、热力、燃气及水生产和供应业、建筑业，第三产业即服务业指除第一产业、第二产业以外的其他行业。

（5）按资金来源分，固定资产投资一般可分为政府固定资产投资、民间固定资产投资、农户固定资产投资等。

（6）按隶属关系分，固定资产投资一般可分为中央固定资产投资和地方固定资产投资。

三、环境保护投资

环境保护投资是表征一个国家环境保护力度的重要指标，但关于环境保护投资的概念内涵，目前国内外尚未有统一的标准，主要存在"投资说"与"费用说"两种观点。

（1）关于"投资说"。"投资说"认为环境保护投资是国民经济和社会发展的固定资产投资的重要组成部分，属于政策性投资。在传统的投资经济学理论中，投资是指进行固定资产的新建、扩建、改建、重建、迁建等这一类的所谓"基本建设"的投资或其所运用的资金，以及包括设备更新在内的"技术改造"投资或其所运用的资金，统称"固定资产投资"。我国学者张坤民就支持这种观点，认为环境保护投资是指国民经济和社会发展过程中，社会各有关投资主体，从社会积累基金和各种补偿基金中支付的，用于防治环境污染、维护生态平衡及其相关联的经济活动，以促进经济建设与环境保护协调发展的投资（吴舜泽等，2014）。

（2）关于"费用说"。"费用说"认为环境保护投资是在开展某项经济或社会活动时，为保护环境所投入的费用与这项活动造成的环境危害而带来的损失之和，也统称为该经济或社会活动的环境代价。支持这一观点的主要以较早进行环境治理的美国、日本等发达国家为代表，他们把环境保护投资解释为环境保护费用，即社会为维护一定的环境质量所付出的控制污染和改善环境的总费用（王子郁，2001）。

显然，"投资说"与"费用说"关于环境保护投资的概念内涵界定不一致。前者更多强调的是环境保护投资是社会固定资产投资的组成部分，与我国现行的环境保护投资统计制度相对应，强调固定资产的性质；后者更加体现的是现金流的概念，与成本更为相似，体现了为修复环境而付出的资金，强调的是一种负担，既包含环境污染设施建设转固，还包含最终消耗，多为国外采纳，即量化环境保护相关的支出和交易，范围更为广泛（吴舜泽等，2014）。

就我国而言，关于环境保护投资已开展了大量研究与实践工作，存在"环保设施投资""环境污染治理投资""环境投资""环保投资""生态投资"等多种说法。在官方定义中，早在1987年，当时的国家计委、国务院环保委员会颁布《建设项目环境保护设计规定》，提出对污染治理和保护环境所需的装置、设备、监测手段和工程设施等环境保护设施开展投资测算；1996年，国务院印发《关于环境保护若干问题的决定》，要求切实增加环境保护投入，提高环境污染防治投入占本地区同期国民生产总值的比重；1999年，国家环保总局印发《关于建立环境保护投资统计调查制度的通知》，将环境保护投资界定为防治污染、保护和改善环境的投资；随后，国家生态环境保护"十一五"规划、"十二五"规划、"十三五"规划均相应提出加强环境保护投资，主要指环境保护重点工程领域的投资；2007 年，我国开始将环境保护纳入政府财政预算支出，首次在政府收支分类科目中单列"211 环境保护"账户，2011 年更名为"节能环保支出"。在学术界，张坤民（1992）、何旭东（1999）、孙冬煜（1999）、彭峰（2005）、汤尚颖（2004）、吴舜泽（2007）、昌敦虎（2010）、逯元堂（2012）、朱建华（2013）、陈鹏（2015）、王丽民（2018）等学者，围绕环境保护投资开展了大量研究，不断丰富和拓展了环境保护投资概念内涵。

尽管存在多种不同理解，甚至争议，但总体来看我国关于环境保护投资的概念内涵基本形成一个共识，即将环境保护投资定位为固定资产投资范畴，指投资主体从社会的各种积累资金及补偿资金中，拿出一定的数量用于防治环境污染、维护生态平衡及与其相关活动的各种经济行为，致力于促进经济建设与环境保护协调发展的投资。

四、农业农村环境保护投资

农业农村是生态环境的主体区域，农业农村环境保护是环境保护的重要内容。随着经济社会的发展、人们生活水平的提高以及农业农村环境问题的凸显，关于农业农村环境保护的研究与实践日益增多，涉及农业农村环境监测评价、污染防治、生态建设、规划设计、管理政策等多个方面，为推动农业农村环境质量改善奠定了坚实基础。但具体来看，关于农业农村环境保护投资的研究，相对较少，仅有少许学者围绕个别领域、个别环节等开展零星研究，对农业农村环境保护投资的概念内涵界定不明确、不清晰。

为此，在已有相关研究基础上，借鉴上述环境保护投资概念，本书认为农业农村环境保护投资，是指投资主体为保护和改善农业农村生态环境、获取生态环境效益以及相关联的经济社会效益等，在一定时期内向农业农村环境保护领域投放一定规模资金、实物等的经济行为，属于固定资产投资范畴。

五、政府农业农村环境保护投资

政府农业农村环境保护投资主要是指国家预算内投资（含国债）安排的用于农业农村生态环境保护基础设施建设，以保护和改善农业农村生态环境为主要目的的投资活动。从资金渠道或层次上，可分为中央政府农业农村环境保护投资和地方政府农业农村环境保护投资；从资金来源上，主要是国家预算内投资和国家预算内专项（国债）投资安排的投资；从投资对象上，主要安排非营利的公益性和基础设施建设，投资不需要偿还；从投资管理上，有具体、规范的管理制度，管理程序比较严格（罗东，2014）。

关于农业农村环境保护投资、农业农村环境保护投入、农业农村环境保护支出等相关概念的区别与联系，如表1-1和图1-1所示。

表1-1   相关概念的区别与联系

名称	区别与联系
固定资产投资	是投资的一个方面。1967年以前，统称为基本建设投资；1967年以后，包括基本建设投资（基础设施建设投资）、更新改造投资、房地产开发投资等
基本建设投资	也称基础设施建设投资，1967年以后成为固定资产投资的组成部分
农业基本建设投资	是基本建设投资的组成部分，指为保障和促进农业生产发展所进行的基础设施建设投资
第一产业固定资产投资	是固定资产投资的组成部分
政府支农投资	指财政直接用于支持农业和农村发展的建设性资金投入，主要包括基本建设投资（含国债）、支援农村生产支出、农业科技投入、土地整理资金等建设发展支出。其他如各类农业政策性补贴、部门事业费等非建设性支农支出，不计入支农投资范畴
政府农业基本建设投资	是农业基本建设投资的组成部分，指政府作为投资主体，利用国家预算内资金（含国债）开展的农业基础设施建设投资
中央政府农业基本建设投资	是政府农业基本建设投资的一个方面，指中央政府利用中央预算内投资（含国债）为保障和促进农业生产发展所进行的基础设施建设投资

续表

名称	区别与联系
农业农村环境保护投资	属于固定资产投资范畴
农业农村环境保护投入	在农业农村环境保护投资基础上，增加农业农村环境保护工程设施的运行维护费用
农业农村环境保护支出	在农业农村环境保护投入基础上，增加农业农村环境保护管理费、科研费用等

资料来源：笔者根据相关文献资料整理。

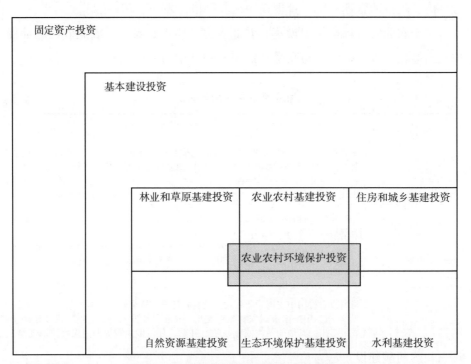

图1-1　农业农村环境保护投资的定位

第三节　对象范围

在界定农业农村环境保护投资概念内涵的基础上，进一步厘清农业农村环境保护投资的对象范围，即明确农业农村环境保护投资的客体、口径，解决"投资谁"的问题。

一、按行业或领域分

种植业，主要包括：农产品产地环境监测、污染治理与修复，农田面源污染监测与防治，农田废弃物回收处理与综合利用，耕地保护与质量提升，农业节水与地下水超采治理，农业生产区空气环境监测，农业投入品减量使用，农田生态保护与建设等方面的投资。

畜禽养殖业，主要包括：畜禽养殖污染监测与治理、畜禽粪污资源化利用、病死畜禽无害化处理等方面的投资。

水产养殖业（渔业），主要包括：水产养殖污染监测与防治、水生生物监测与保护等方面的投资。

农业湿地，主要包括：农业湿地监测、生态保护与修复等方面的投资。

草原，主要包括：已垦草原治理、退耕退牧还草、草原生态保护与建设等方面的投资。

农村人居环境，主要包括：农村垃圾治理、农村污水治理、农村"厕所革命"、农村空气污染监测与防治、农村环境综合整治、农村可再生能源利用、村容村貌建设等方面的投资。

按行业或领域划分，具体情况如表1-2所示。

表1-2   农业农村环境保护投资对象范围（按行业或领域分）

划分类别		主要内容	具体对象
行业或领域	种植业	农产品产地土壤环境监测、污染治理与修复	监测站点（区、场、基地）建设，监测仪器设备，监测实验室建设与更新改造；污染治理与修复工程建设；相关配套机械、设施建设等
		农田面源污染监测与防治	监测站点（区、场、基地）建设，监测仪器设备，监测实验室建设与更新改造；污染防治工程建设；相关配套机械、设施建设等
		农田废弃物回收处理与综合利用	农作物秸秆、废旧农膜、农药包装废弃物等农田废弃物回收处理与综合利用方面的机械、设施建设，以及站点（中心、场、厂）建设等
		耕地保护与质量提升	保护性耕作、深耕深松、增施有机肥、秸秆还田、盐碱地治理等耕地保护与质量提升方面的机械、设施、工程建设等
		农业节水与地下水超采治理	农田水利工程、排灌设施、基础设施建设；低压管道、微喷、滴灌、水肥一体等高效节水灌溉设备与设施建设等
		农业生产区空气环境监测	监测站点（区、场、基地）建设，监测仪器设备、监测实验室建设与更新改造等
		农业投入品减量使用	化肥、农药、兽药等农业投入品减量使用的设备、机械、设施建设等
		农田生态保护与建设	①农业野生植物保护：原生态环境保护与监测站点（区、基地）建设，相关配套机械、设施、设备建设等②农业外来生物入侵防控：综合防控与监测站点（区、基地）建设，相关配套机械、设施、设备建设等③农田生物多样性：观测、监测站点（区、基地）建设，相关配套机械、设施、设备建设等
	畜禽养殖业	畜禽养殖污染监测与治理	监测站点（区、场、基地）建设，监测仪器设备，监测实验室建设与更新改造；污染治理工程建设；相关配套机械、设备、设施建设等
		畜禽粪污资源化利用	监测站点（区、场、基地）建设，监测仪器设备，监测实验室建设与更新改造；资源化利用工程建设；相关配套机械、设备、设施建设等
		病死畜禽无害化处理	处理站点（场、厂）建设；收集、存储、运输、处理等过程中相关配套设备、机械、设施建设等

续表

划分类别		主要内容	具体对象
行业或领域	水产养殖业（渔业）	水产养殖污染监测与治理	监测站点（区、基地）建设，监测仪器设备，监测实验室建设与更新改造；污染治理工程建设；相关配套机械、设备、设施建设等
		水生生物监测与保护	①水生生物保护：监测与保护站点（区、基地）建设；监测与保护设备、设施、机械，以及相关工程建设等 ②珍稀濒危水生物种保护：保护站点（区、基地）建设；相关配套设备、设施、机械、工程建设等 ③海洋牧场：人工鱼礁、海藻场和海草床建设，相关日常管护设施及监测设备建设等
	农业湿地	农业湿地监测、生态保护与修复	监测设备、设施建设，保护与修复点（区）建设、工程建设，相关配套设施、设备等
	草原	已垦草原治理	饲草基地建设，治理设施、设备、机械建设等
		退耕退牧还草	饲草基地、草场建设，相关设施、设备、机械建设等
		草原生态保护与建设	草原保护区建设，相关设施、设备、机械建设等
	农村人居环境	农村垃圾治理	垃圾收集、存储、转运、处理等过程中设施、设备、机械建设；工程建设等
		农村污水治理	污水收集、存储、转运、处理等过程中设施、设备、机械建设；工程建设等
		农村"厕所革命"	厕所粪污收集、存储、转运、处理等过程中设施、设备、机械建设；工程建设等
		农村空气监测与污染防治	监测站点（区）建设，监测仪器设备，监测实验室建设与更新改造；污染防治工程建设；相关配套机械、设备、设施建设等
		农村环境综合整治	工程建设，相关配套机械、设备、设施建设等
		农村可再生能源利用	农村沼气等可再生能源利用的工程建设，相关配套机械、设备、设施建设等
		村容村貌建设	农村环境基础设施建设；村容村貌工程建设；相关设施设备建设等

二、按要素分

土壤，主要包括：农产品产地土壤环境监测、污染治理与修复，耕地保护与质量提升等方面的投资。

水，主要包括：农田面源污染监测与防治、农业节水、农业地下水超采治理、畜禽养殖废水治理、水产养殖污染防治、农村生活污水治理等方面的投资。

空气，主要包括：农业生产区空气环境监测、农村空气污染防治等方面的投资。

废弃物，主要包括：农田废弃物综合利用、畜禽粪污资源化利用、农村生活垃圾处理等方面的投资。

生态，主要包括：农田生态保护与建设，水生生物保护，农业湿地监测、生态保护与修复，草原生态保护与建设，村容村貌建设等方面的投资。

三、按环节分

环境调查与监测，主要包括：农业环境调查与监测站点（区、场、基地）建设、仪器设备购置、实验室建设与更新改造，以及相关配套基础设施建设等方面的投资。

污染治理与修复，主要包括：农业环境污染治理与修复工程，以及相关配套机械、设施建设等方面的投资。

生态保护与建设，主要包括：农业生态保护与建设工程，以及相关配套机械、设施建设等方面的投资。

第四节　主要特点

从基本概念、对象范围看，农业农村环境保护投资是环境保护投资的重要领域，是投资的一种类型，既具有投资、固定资产投资的共性特点，又具有自身的特殊性。

一、具有投资的共同性

（一）规模性

投资尤其是固定资产投资，是为了实现预期收益、促进生产发展等，投入资金或实物等货币等价物以形成固定资产的经济行为。因此，投资对资金的需求量比较大。农业农村环境保护投资属于固定资产投资范畴，是为保护和改善农业农村生态环境，投入一定量的资金用于农业农村环境保护工程、设施、机械、设备等建设，与一般的生产发展运营相比，资金需求量大。

（二）收益性

投资是一种经济行为，收益性（或称营利性）是其显著特点。由于资本的逐利性，促使投资的目的是获取收益、实现盈利，尤其是经济利益。作为投资的一种，农业农村环境保护投资也具有收益性特征，即通过前期的资本或实物投入，以获取预期的利益，这既包括经济利益，也包括社会利益和生态环境利益。

（三）时间性

投资具有时间性，是指从最初的资金投入到最终的效益产出一般需要经历较长时间，存在着明显的收益滞后性特点。也可以说，投资是一种延迟的消费，投资者为了未来获得更多的消费而牺牲当前的消费。农业农村环境保护投资也具有时间性特点，从基础设施、工程、机械、设备等投资建设到调试运行，再到发挥作用，需要较长的时间，加上农业农村生产生活的阶段性、周期性特征等，导致其投资收益具有滞后性。

（四）风险性

投资具有风险性，是指未来收益的不确定性，即投资决策的实际结果与预期结果不一致的可能性。由于投资的时间性，投资活动的实施过程中受到外界诸多因素影响，例如，政策风险、技术风险、市场风险及自然风险等，可能对计划的投资活动产生冲击，使未来收益存在不确定性。不确定性的程度越高，风险就越大；投资收益越高，风险越大。由于农业农村生产生活本身就受自然风险、市场风险、政策风险等诸多因素影响较大，导致农业农村环境保护投资也具有风险性，投资建设的相关基础设施、工程、机械、设备等可能无法带来预期效益，甚至可能面临无人投资的风险。

（五）外部性

外部性是一种经济主体的经济行为不可避免地对另一经济主体产生正面或负面影响，且无须为自身行为承担责任或代价的现象。投资具有一定的外部性，一项投资活动不可避免地会对外界产生影响，既包括正面的、有利的，也包括负面的、不利的。农业农村环境具有典型的外部性特点，表现为农业农村生产生活活动对生态环境的保护与改善（正外部性），或对生态环境的破坏与污染（负外部性）。因此，农业农村环境保护投资也具有外部性特点，在预期保护和改善生态环境的同时，又不可避免地对生态环境带来污染或破坏，如相关工程与基础设施的投资建设等。

（六）过程不可逆性

固定资产投资的过程是组合各种资源形成新的生产能力的过程，也是资金的物化过程，一旦形成固定资产，也就被固化在某一场所，具有显著的固定性和不可分割性。投资的效果将对生产发展或经济社会产生持续的影响，如果投资行为被证明是错误的，在短期内将难以消除其不良影响；同时扭转错误的投资行为，也需要付出巨大的代价。因此，从相当长的一段时期来说，投资的过程、影响通常是不可逆的。

二、具有自身的特殊性

（一）基础性

农业农村是我国经济社会发展的稳固基础，而生态环境又是农业农村生产发展的物质基础，最终决定着农业农村生产发展的质量与上限。从一定意义上讲，农业农村生态环境是经济社会发展的"基础的基础"。因此，农业农村环境保护投资是一种基础性投资，建设的各项工程、设施、设备等是保护和改善农业农村生态环境的基础条件支撑，进而夯实和改善农业农村生产发展的物质基础。

（二）公益性

农业农村环境保护是环境保护的重要组成部分，具有典型的公共属性，其中的土壤、水、大气、野生植物、湿地、草原、生态景观、区域气候等属于公共物品或准公共物品，不易分割。提供的各类优美环境、生态服务等具有明显的非排他性和非竞争性，受益者是整个区域或社会。因此，在很大程度上，农业农村环境保护投资是一种公益行为或准公益行为，是为保护和改善区域的、社会的生态环境而付出财力物力的公益活动。

（三）周期性

受自然条件影响，农业生产具有春、夏、秋、冬四季交替的典型特征。一般而言，春耕、夏耘、秋收、冬藏，交替轮回。因此，与此特点相适应，农业农村环境保护投资也具有一定的周期性、季节性特征，一般表现为春季、夏季农业农村环境保护投资相对旺盛，而秋季、冬季投资则相对平缓。

（四）地域性

我国农业农村具有明显的地域分异特点，不同地区农业农村的自然条件、环境特征、经济基础、文化风俗等存在较大差异，对生态环境的需求、基础设施建设的要求等具有多样性，导致农业农村环境保护投资的目的、对象、规模等也因地而异。所以，相对于一般环境保护投资特别是城市或工业环境保护投资而言，农业农村环境保护投资的地域性特点更为鲜明，更强调因地制宜、量体裁衣。

（五）分散性

受农业农村产业环节多、主体多、领域多的影响，与农业农村生产生活的规模小、分散化、随意性等特点相适应，不同于城市、工业环境保护投资项目，农业农村环境保护投资项目一般单体规模较小，几万元、十几万元、几十万元的投资项目比较常见，且基础设施很难集中供给、只能以分散供应为主，具有点多、面广、分布散等特点。

（六）低收益性

由于农业农村环境保护投资的基础性、公益性，以及投资项目的规模小等特点，导致投资的收益率低、回报率不高。同时，与一般投资所重点追求的经济效益不同，农业农村环境保护投资追求的是综合效益，尤其侧重于生态环境效益，当然也包括社会效益和经济效益。从另一种角度讲，农业农村生态环境保护投资的效益，难以用货币直接计量，即显性的、直接的经济效益不突出，而主要表现为隐性的、间接的生态环境效益与社会效益。

（七）管护运营差

受经济发展水平、管理治理能力、居民思想觉悟等多种因素影响，与城市、工业相比，我国农业农村基础设施的管理、维护与市场运营等方面仍然落后。长期以来，存在的重建设轻管理、重建设轻运营、重突击轻长效等观念在农业农村投资方面体现得更为突出，导致农业农村环境保护工程设施管护机制不健全、开发运营能力低，长期效益发挥不足。

第五节　投资主体

投资主体又可称为投资方、投资者，是指具有独立投资决策权，并且对投资负有责任的经济法人、自然人或国际法的主体，是投资活动的经济主体。明确农业农村环境保护投资主体类型，解决"谁投资"问题，是开展农业农村环境保护投资的基本前提。

一、政府

政府是农业农村环境保护投资的首要主体。从农业农村环境保护投资的公益性特点出发，农业农村环境是公共物品或准公共物品，提供基本的公共服务，最终受益者是整个地区或社会，政府作为社会的管理者、代言人，理应成为农业农村环境的维护者和投资主体。从农业农村环境保护投资的基础性、收益隐蔽性、风险性等特点来讲，企业、个人投资农业农村环境保护很难获取直接的、显著的经济利益，投资意愿不强，市场配置资源失效，这就需要政府主导投资建设，保护和改善农业农村生态环境，夯实农业农村生产发展的物质基础。

政府农业农村环境保护投资，主要是指国家预算内投资和国家预算内专项（含国债）投资安排的固定资产投资，包括财政、发展改革、农业农村、生态环境、林业和草原、住房和城乡建设等政府相关部门负责安排和管理的农业农村环境保护投资资金，如农业面源污染防治工程、农业湿地保护工程、天然草原退牧还草工程、农村沼气工程、农村人居环境整治等方面的资金。

二、社会

（1）生产经营和服务主体。农民、农业大户、家庭农场、农民专业合作社、农业产业化龙头企业、农村集体经济组织、农业生产服务组织等是农业农村生产发展和服务的主体力量，也是农业农村环境保护的直接参与者、主力军。这些农业农村生产经营和服务主体在日常的生产生活活动中，都不可避免地占用或享用农业农村生态环境与资源，也可能对农业农村生态环境造成破坏或污染。通过建立健全农业农村生态环境投资补偿机制、污染付费机制等，鼓励动员广大农业农村生产经营和服务主体，在生产生活的同时加大环境保护投入，规范自身行为，从源头保护和改善农业农村生态环境。

（2）社会团体。除上述农业农村生产经营和服务主体外，其他的企事业单位、社会团体组织，甚至广大城市居民等也与农业农村环境存在联系。在日常生产生活中也可能占用或享用农业农村生态环境与服务，如享受其提供的清洁空气、优美景观、区域气候以及绿色优质农产品等，当然也可能对农业农村生态环境造成危害。因此，这些也是农业农村环境保护投资的重要主体。

（3）金融机构。银行、信用合作社、信托投资公司、保险公司、基金管理公司等金融机构，资金量大、管理规范，投资专业水平高、市场运营能力强，是我国"三农"发展的重要支撑力量，也是农业农村环境保护投资建设的重要力量。

以上这些社会资本，体量大、来源广、资金活，是农业农村环境保护可争取的重要投资力量。要创新体制机制，鼓励引导社会力量广泛参与农业农村环境保护投资建设，增加资金、技术与服务供给，提高投资建设的效率和水平。

三、国际主体

利用外资是农业农村环境保护的又一重要投资渠道，主要是指利用国际金融机构贷款、外商直接投资、一些国际性的环境专项基金和援助计划、与境外机构合作投资等用于国内农业农村环境保护的投资建设。农业农村环境保护利用外资，不仅能够带来直接的国外资金支持，还能带来国际先进的工程建设、技术和管理经验，从而推动提升农业农村环境保护水平。

第六节 资金渠道

投资资金渠道，或称投资资金来源，是指投资资金的源头、出处、途径和金额的多少。明确农业农村环境保护投资渠道，解决"资从何来"问题，是开展农业农村环境保护投资的关键所在。

一、国家预算资金

国家预算资金，是指各级政府用于农业农村环境保护投资的财政资金。按照层次分，包括中央预算资金和地方预算资金。按照类别分，包括一般预算、政府性基金预算、国有资本经营预算和社保基金预算，各级政府债券也应归入国家预算资金。国家预算内资金是政府参与投资的主要工具，规模和投资方向由政府控制，完全是计划性的，其比重高低可以作为衡量资本市场化的一个重要指标。

二、国内贷款

国内贷款，是指农业农村环境保护投资主体向银行及非银行金融机构借入用于农业农村环境保护投资的各种国内借款，包括银行利用自有资金及吸收存款发放的贷款、上级拨入的国内贷款、国家专项贷款、地方财政专项资金安排的贷款、国内储备贷款、周转贷款等。

三、自筹资金

自筹资金，是指农业农村环境保护投资主体的自有资金，以及从其他主体单位筹集的用于农业农村环境保护投资的资金，但不包括各类财政性资金、从各类金融机构借入资金和国外资金。

四、外资

外资，是指用于农业农村环境保护投资的国外资金（包括设备、材料、技术在内）。包括对外借款（外国政府贷款、国际金融组织贷款、出口信贷、外国银行商业贷款、对外发行债券和股票）、外商直接投资、外商其他投资（包括利用外商投资收益在国内进行农业农村环境保护投资活动的资金），不包括我国自有外汇资金（国家外汇、地方外汇、留成外汇、调剂外汇和国内银行自有资金发放的外汇贷款等）。

五、其他资金

其他资金，是指除以上各种资金之外的用于农业农村环境保护投资的资金，如社会集资资金等。

第七节　投资方式

投资方式，或称投资方法、出资方式等，是指资金投入的形式与方法。明确农业农村环境保护投资方式，解决"怎么投资"问题，是开展农业农村环境保护投资的重要工作。

一、直接投资

直接投资，是指投资主体将资金直接投入农业农村环境保护中去，直接或间接地控制项目建设、经营与管理活动，项目建成后形成固定资产，投资主体拥有全部或一定比例的资产及经营所有权。

根据我国现行相关法律法规和政策，政府农业农村环境保护直接投资，是指政府安排政府投资资金投入农业农村环境保护的非经营性项目，并由政府有关机构或其指定、委托的机关、团体、事业单位等作为项目法人单位组织建设实施。

二、资本金注入

资本金注入，是直接投资的一种类型，是指投资主体将资金直接投入农业农村环境保护中去，作为项目的资本金（项目总投资中投资主体认缴的出资额），开展项目建设、经营与管理，项目建成后形成固定资产，投资主体按其出资比例依法享有所有者权益。项目资本金是非债务性资金，投资主体不承担该资金的任何债务和利息。

根据我国现行相关法律法规和政策，这种方式主要适用于我国境内的企业农业农村环境保护投资和政府农业农村环境保护投资的经营性项目，个体、外资投资的经营性项目参照执行。其中，对政府投资而言，是指政府安排政府投资资金作为经营性项目的资本金，指定政府出资人代表行使所有者权益，项目建成后政府投资形成相应国有产权。

三、投资补助

投资补助，主要是政府投资支持的一种方式，是指政府安排政府投资资金，对市场不能有效配置资源、确需支持的农业农村环境保护经营性项目，适当予以补助。

四、贷款贴息

贷款贴息，是政府投资支持的一种方式，是指政府安排政府投资资金，对使用中长期贷款的农业农村环境保护投资项目贷款利息予以补贴。

五、先建后补

先建后补,是政府投资支持的一种方式,是指经批准立项的农业农村环境保护项目,由项目实施单位自行筹集建设所需全部资金并组织实施,验收合格后,政府将补助资金一次性报账支付给项目实施单位。

六、以奖代补

以奖代补,是政府投资支持的一种方式,是指政府为支持农业农村环境保护、鼓励各地有效解决农业农村突出环境问题而设立的专项补助资金。与此类似的,还有以奖促治等。

七、风险补偿

风险补偿,是政府投资支持的一种方式,是指政府为支持农业农村环境保护,对社会、外资等投资主体开展农业农村环境保护投资时因承担风险可能导致投资损失,而给予一定比例的投资损失补偿。

八、政府与社会资本合作

政府与社会资本合作,又称 PPP 模式,是公共基础设施中的一种项目运作模式。农业农村环境保护 PPP 模式,是指政府为支持农业农村环境保护,采取竞争性方式选择具有投资、运营管理能力的社会资本,双方按照平等协商原则订立合同,由社会资本开展投资建设、提供服务,政府依据绩效评价结果向社会资本支付对价。

按照 PPP 项目运作方式分类,主要包括建设 – 运营 – 移交(build-operate-transfer，BOT）、建设 – 拥有 – 运营（build-own-operate，BOO）、购买 – 建设 – 运营（buy-build-operate，BBO）、委托运营（operations & maintenance，O&M）、管理合同（management contract，MC）、租赁 – 运营 – 移交（lease-operate-transfer，LOT）、移交 – 运营 – 移交（transfer-operate-transfer，TOT）、改建 – 运营 – 移交（rehabilitate-operate-transfer，ROT）、区域特许经营（concession），以及这些方式的组合等。

有关农业农村环境保护投资方式情况如表 1 – 3 所示。

表 1 – 3　　　　　　　　　农业农村环境保护投资方式比较

投资方式	投资主体	适用范围	资产权属	发展引导作用	资金带动效应	财政风险
直接投资	政府、社会	①非经营性项目、准经营性项目、经营性项目 ②对政府而言，一般是市场失灵的公共产品领域，以非经营性项目为主	投资者对形成的资产拥有长久利益，直接实施或参与资产管理	弱	小	大
资本金注入	政府、社会	经营性项目、准经营性项目	投资者对形成的资产拥有一定权益，参与资产管理	强	大	大
投资补助	政府	市场不能有效配置资源、确需支持的经营性项目	项目单位（法人）拥有资产权益、承担建设主体责任，政府加强监督管理	强	大	小
贷款贴息	政府	市场不能有效配置资源、确需支持的经营性项目	项目单位（法人）拥有资产权益、承担建设主体责任	强	大	小
先建后补	政府	经营性项目、准经营性项目、非经营性项目	项目单位（法人）拥有资产权益、承担建设主体责任	强	大	小
以奖代补	政府	经营性项目、准经营性项目、非经营性项目	项目单位（法人）拥有资产权益、承担建设主体责任	强	大	小

续表

投资方式	投资主体	适用范围	资产权属	发展引导作用	资金带动效应	财政风险
风险补偿	政府	经营性项目、准经营性项目、非经营性项目	项目单位（法人）拥有资产权益、承担建设主体责任	强	大	小
BOT	政府、社会	经营性项目、准经营性项目	在政府赋予的特许期内，社会资本负责投资建设、管理、经营和维护项目，政府实施监督和调控。特许期满后，社会资本将项目无偿转交给政府	强	大	小
BOO	政府、社会	经营性项目、准经营性项目	政府授予社会资本项目永久特许权，社会资本负责投资建设、拥有并经营项目，不需要将项目转让给政府	强	大	小
O&M	政府、社会	经营性项目、准经营性项目	政府将存量项目的运营维护职责委托给社会资本，向其支付委托运营费，但政府保留资产所有权	强	大	小
LOT	政府、社会	经营性项目、准经营性项目	政府将存量及新建项目的运营管理、维护以及用户服务等转移给社会资本，但政府承担项目投资职责并保留项目资产所有权	强	大	小
TOT	政府、社会	经营性项目、准经营性项目	政府按照合同约定，将存量项目所有权有偿转让给社会资本，由其负责运营、维护和用户服务。合同期满后，社会资本将项目资产及其所有权等移交给政府	强	大	小
ROT	政府、社会	经营性项目、准经营性项目	社会资本负责已有项目的运营管理和扩建、改建，期满后无偿移交给政府	强	大	小

第二章

农业农村环境保护投资理论基础

开展农业农村环境保护投资，加强污染治理、质量改善、生态建设，不仅是现实所需和多年的实践经验总结，更具有深厚的基础理论解释。外部性理论、公共物品理论、事权划分理论、环境价值理论、可持续发展理论等相关基础理论，在揭示生产生活活动经济现象本质的同时，也为农业农村环境保护投资提供了坚实的理论支撑。

第一节 外部性理论

"外部性"起初是一个经济学概念，外部性理论是经典的经济学理论。早在 1776 年，经济学鼻祖亚当·斯密（Adam Smith）出版著作《国民财富的性质和原因的研究》（*An Inquiry into the Nature and Causes of the Wealth of Nations*），指出自然的经济制度（即市场经济）不仅是好的，而且是出于天意的，因为在其中，每一人改善自身处境的自然努力可以被一只无形的手引导着去尽力达到一个并非他本意想要达到的目的，产生了外部性思想的最初萌芽。1890 年，阿尔弗雷德·马歇尔（Alfred Marshall）在《经济学原理》（*Principles of Economics*）中首次提出"外部经济"概念，将企业生产规模扩大的原因归结为两类，一类是该企业所在产业的普遍发展，即"外部经济"，另一类则为单个企业自身资源组织和管理效率的提高，即"内部经济"。此后，亚瑟·塞西尔·庇古（Arthur Cecil Pigou）提出"内部不经济"和"外部不经济"的概念，并从社会资源最优配置的角度出发，运用边际分析方法，提出边际私人净产值和边际社会净产值、私人边际成本和社会边际成本等概念，最终建立形成外部性理论。罗纳德·哈里·科斯（Ronald Harry Coase）提出外部性的相互性，试图通过市场方式解决外部性问题，认为在交易费用为零的情况下，初始产权的情况并不会影响资源配置的结果，市场交易和自愿协商均可以使资源配置达到最优；但在交易费用不为零的情况下，制度安排与选择是重要的。其他经济学家从理论、实践层面不断丰富与发展外部性理论。

归纳地看，外部性又称外部影响、外部效应、溢出效应等，是指一个经济主体（生产者或消费者）在自己的活动中对旁观者的福利产生了一种有利影响或不利影响，这种有利影响带来的利益（或者说收益）或不利影响带来的损失（或者说成本），都不是该经济主体本人所获得或承担的，是一种经济力量对另一种经济力量"非市场性"的附带影响。用数学语言表达，即只要某一经济主体的效用函数所包含的变量有别人的影响，或者说存在该主体的控制之外的部分，则有外部性存在。设 U^A 表示经济主体 A 的效用，那么如果：

$$U^A = U(X_1, X_2, \cdots, X_n, Y_k), 1 < k < n \qquad (2-1)$$

则外部性存在。其中，$X_1, X_2, \cdots, X_n$ 表示经济主体 A 所控制的活动，Y_k 表示由经济主体 B 控制的活动。第二个经济主体 B 的决策行为或经济活动对第一个经济主体 A 产生了外部性，即第一个经济主体 A 的福利和效用受到他自己经济活动水平的影响，同时也受到另外一个经济主体 B 所控制的经济活动 Y_k 的影响。从本质上看，外部性就是未在市场价格中得到反映的经济收益或成本，实际就是边际社会收益与边际私人收益之间的非一致性，或者边际社会成本与边际私人成本之间存在着非一致性。

根据影响效果，外部性可分为正外部性和负外部性。正外部性又称外部经济性，是指某一经济主体的活动使其他经济主体受益而又无法向后者收费的现象，这时社会收益大于私人收益，产生外部经济性。例如，农民在农田里种植油菜花给路人带来美的享受，保护农业湿地会调节小气候、给周边居民提供清新的空气等。负外部性又称外部不经济性，是指某一经济主体的活动使其他经济主体受损而前者无法补偿后者的现象，这时社会成本大于私人成本，产生外部不经济效果。例如，河流上游的居民砍伐树木、乱排污水垃圾等，导致水土流失、河流污染危及下游居民生活等。根据产生领域，外部性又可分为生产的外部性和消费的外部性，是指某一经济主体的生产或消费行为影响其他经济主体，但这一经济主体并未因此而给予相应补偿或惩罚。生产的外部性是由生产活动所导致的外部性，消费的外部性是由消费行为所带来的外部性。结合正负外部性分类，又可细分为生产的正外部性（或生产的外部经济性）、生产的负外部性（或生产的外部不经济性）、消费的正外部性（或消费的外部经济性）和消费的负外部性（或消费的外部不经济性）四种类型。根据产生时空，外部性又可分为代内外部性和代际外部性。通常，我们所理解的外部性是一种空间概念，主要是从即期考虑资源是否合理配置，即主要是指代内的外部性问题。但随着可持续发展理念逐渐被普遍认可和接受，外部性问题已不再局限于某一代人、某一空间，而逐渐扩展到了代际与区际，即产生了代际外部性，主要解决人类代际行为的相互影响，尤其是要消除前代对后代、当代对后代的不利影响。可以把这种外部性称为"当前向未来延伸的外部性"。尤其在生态环境领域，这种现象日益突出，例如，生态破坏、环境污染、资源枯竭、淡水短缺、耕地减少、生物多样性丧失等，可能危及我们子孙后代的生存。

外部性是市场机制运行中的典型故障和市场失灵，意味着市场资源配置不合理、不能实现帕累托最优。矫正外部性，需要从根本上着手，即调整边际私人收益与边际社会收益，或边际私人成本与边际社会成本的非一致性，将外部性内部化，使市场资源配置更具效率。一是庇古手段。侧重于用政府干预的方式来解决经济活动中的外部性问题。庇古认为，当经济活动出现外部性时，依靠市场是不能解决的，这时市场是失灵的，需要政府进行干预。具体来讲，就是对边际私人成本小于边际社会成本的部门实施征税，即存在负外部性（外部不经济性）时，向生产者征税；对边际私人收益小于边际社会收益的部门实行奖励和津贴，即存在正外部性（外部经济性）时，给生产者补贴。庇古指出，政府实行的这些特殊鼓励和限制，是克服边际私人成本（或收益）和边际社会成本（或收益）偏离的有效手段，政府干预能弥补市场失灵的不足。这种通过征税和补贴实现外部性内部化的手段，被称为"庇古税"。二是科斯手段。侧重于运用产权理论、市场机制来解决经济活动中的外部性问题。科斯认为，在市场交易费用为零的前提下，无论产权属于哪一方，通过协商、交易等途径都可达到资源配置最优，即经济活动的边际私人成本（或收益）等于边际社会成本（或收益），实现外部性内部化，这也是科斯第一定理。但现实生活中是存在交易费用的，这时就可以通过界定与明晰产权结构以及选择合适的经济组织形态，实现外部性内部化，使资源配置达到最优，无须抛弃市场机制或引入政府干预，这也是科斯第二定理。同时，科斯还认为，由于制度本身的生产不是无代价的，生产什么制度、怎样生产制度的选择，将导致不同的经济效率，换言之要从产权制度的成本收益比较的角度，选择合适的产权制度，这是科斯第三定理。科斯强调，应当从庇古的研究传统中解脱出来，寻求方法的改变，用市场手段解决外部性问题，政府只需界定明晰产权、制度即可。

随着经济社会发展，尤其是外部性理论的深入拓展和人们的认知加深，"外部性"早已超越经济范畴，而广泛存在或应用于农业、环境、社会、管理等多个领域。目前，外部性理论已是环境经济学、资源经济学、生态经济学最重要的基础理论之一。农业农村生产生活具有典型的外部性特征，既能对生态环境产生正外部性效果、改善生态环境，又能对生态环境产生负外部性效果、污染生态环境。一方面，农业生产者为保障粮食等农产品产量与质量安全，在农业生产过程中会采取翻土、施肥、增加有机物覆盖等多种措施对农田进行管理维护，从而保持与改良土壤环境、防止水土流失；同时，种植的大面积农作物也能够净化空气、增加生物多样性和景观美学、调节区域小气候等，为人类提供良好生态服务。但从经济角度看，农业生产的正外部性效果并未完全在市场交易中得到体现，产生的收益难以完全体现到农业生产者身上，绝大多数被其他主体或社会无偿享用，这也导致农业生产者利益受损、动力不足。另一方面，农业生产者为达到粮食等农产品增产、个人增收等目的，在农业生产过程中可能盲目地、掠夺式地开发与利用农业资源，例如，毁林开荒、过度开垦农田，超量施用化肥、农药、农膜等农业投入品，从而导致农田水土流失、土壤板结、肥力降低、重金属污染、生物多样性丧失等农业生态破坏和环境污染，农业生态功能退化，威胁人类生存环境，制约人类可持续发展。同样地，这些负外部性效果也未在市场交易中得到充分体现，产生的成本也难以计算到农业生产者身上，生产者也没有因为这样的负外部性受到惩罚来改变自己利益最大化追求或生产习惯，而成本却由其他主体或社会无故承担。保护和改善农业农村生态环境，必须解决农业农村生产生活的外部性问题，可综合采用庇古手段和科斯手段，通过政府干预向农业农村生产生活主体征税或补贴、明确农业农村生态环境产权和市场交易等措施，使农业农村生态环境保护者得到补偿、破坏者受到惩罚，将农业农村生产生活的外部性内部化，实现边际私人收益（或成本）与边际社会收益（或成本）一致。

第二节 公共物品理论

公共物品理论，又称公共产品理论，是经济学的基本理论。1739 年，英国经济学家大卫·休谟（David Hume）在《人性论》（*A Treatise of Human Nature*）中论述了针对某些事件对个人没有好处，但对集体来说是必要的现象。1776 年，亚当·斯密在《国民财富的性质和原因的研究》中阐述了公共产品的类型、提供方式、资金来源、公平性等，认为政府只需充当"守夜人"，仅提供最低限度的公共服务。大卫·休谟和亚当·斯密的研究，形成了公共物品理论的雏形。其后，埃里克·罗伯特·林达尔（Erik Robert Lindahl）、约翰森（L. Johansen）、鲍温（H. Bowen）、保罗·萨缪尔森（Paul A. Samuelson）、詹姆斯·麦基尔·布坎南（James Mcgill Buchanan）、阿格纳尔·桑德莫（Agnar Sandmo）等从不同角度研究了公共物品，使公共物品理论逐渐成熟。

公共物品具有三个典型特征：一是效用的不可分割性。这是对公共物品本身特性而言的，它是一个整体，其供给是整体性的、不可分割的，向整个社会提供、全社会共同受益，任何人都无法拒绝且不可分割。例如，国防、法律、公共安全、生态环境等物品一旦被提供，全体国民都能享用，同时增加居民一般也不会降低其他居民对这种服务的享用。二是受益的非排他性。主要是指公共物品可以提供给任何一个人并使之受益，无论这个人是否为自己的使用行为进行了支付，或者别人是否已经因此而受益；换言之，对于既定的公共物品，如果已有一定数量的经济主体为此受益，但并不妨碍别的经济主体从中获取效用，即任何经济主体对于公共物品的使用受益并不相互排斥。三是消费的非竞争性。主要是指针对既定产出的公共物品，每增加一个消费者，并不会影响已有消费者对此公共物品的消费和从中获得的效用，也不会增加生产此公共物品的额外成本；换言之，既定产出的公共物品随着消费者数量的增加，其消费的边际成本为零，每一个消费者的消费行为互不影响，不构成竞争关系；消费的边际拥挤成本也为零，即任何人对公共物品的消费不会影响其他人同时享用该公共物品的数量和质量。

公共物品有狭义和广义之分。从狭义角度讲，公共物品是指纯公共物品，是具有非排他性和非竞争性的物品。从广义角度讲，公共物品是指具有非排他性或非竞争性的物品，一般包括纯公共物品、准公共物品。纯公共物品具备完全的非竞争性和非排他性，而准公共物品是介于纯公共物品和纯私人物品之间的产品，兼有纯公共物品和私人物品的特性，其供给主要是依据物品的非排他性和非竞争性强弱来确定供给模式，一般又包括俱乐部物品、公共池塘资源等。其中，俱乐部物品，是指相互的或集体的消费所有权的安排，是具有非竞争性但有排他性的物品。公共池塘资源，是具有非排他性和消费共同性的物品，是一种特殊的公共物品，其公共性主要考察的是自然资源配置过程中的制度安排。按公共物品的地域划分，还可以分为全球性公共物品、全国性公共物品、区域性公共物品、地方性公共物品。

正是由于公共物品的这些典型特征，导致出现"搭便车"问题和"公地悲剧"问题。其中，"搭便车"问题首先由美国经济学家曼瑟尔·奥尔森（Mancur Lloyd Olson，Jr）提出，核心观点是由于集体行动所产生的收益由集团内部每一个人共享，但成本却很难平均地分担，每个集体成员在分析自己的成本－收益时，都会选择让别人去努力而自己坐享其成；换个角度理解为，由于有公共物品的存在，每个成员不管是否对这一物品的产生作出过贡献，都能享受这一物品所带来的好处，或者说个人不付成本而坐享他人之利。所以，这影响着公共物品供给成本分担的公平性，以及公共物品供给的持续性。"公地悲剧"问题最早由美国学者加勒特·哈丁（Garrett Hardin）提出，核心观点是每一个理性的牧羊人都希望自己的收益最大化，不顾公共草地的负担而增加牧羊数量，这导致公共草地被过度使用、难以承载，发生悲剧。从根本上说，"公地"作为公共物品，具有非排他性和非竞争性等特征，每一个经济主体都有使用权，为了自身利益最大化都倾向于过度使用，从而造成资源枯竭、"公地"不再。从经济角度分析，这两类问题都是公共物品的受益的非排他性和消费的非竞争性等特征所致，私人收益（成本）与社会或团体收益（成本）不一致，资源配置低效率或无效率。

解决"搭便车"问题和"公地悲剧"问题，可采用两种手段。一是界定产权。根据科斯定理，只要界定和清晰公共物品的产权，则通过市场机制，最终总能使该资源达到最优配置和使用。进一步理解，既然公共物品容易遭到滥用和损害，不如把它们分配给私人，使其产权明晰、权责明确，这样每个主体在追求自身利益最大化的时候，就会自觉考虑到长期效应，从而使公共资源得到更有效率和更可持续的利用。二是政府干预。现实中，往往并不是所有公共物品都能或者适合通过产权分配的方式来解决上述问题，尤其还附加着社会制度等因素。例如，空气是典型的公共物品，但加强空气环境保护、避免污染发生，就无法通过界定产权归属这一途径来实现。因此，在公共物品仍然保持其公有属性的情况下，只能通过公共部门（政府）干预，规范和协调每个经济主体的行为，确保公共物品合理有效利用。

同样，随着经济社会发展、理论研究拓展和人们的认知加深，公共物品理论已广泛存在或应用于农业、环境、社会、管理等多个领域。特别是随着生态时代的来临，生态环境已成为人类最大和最重要意义上的公共物品，生态环境中的空气、水、土地、草原、湿地、林地等要素都具有典型的公共物品特征。目前，公共物品理论也是环境经济学、资源经济学、生态经济学最重要的基础理论之一。农业农村是生态环境的主体区域，农业农村生态环境是生态环境的重要组成部分，不仅具有生态环境的基本特征，还担负着为人类提供粮食和农产品的特殊使命。所以，农业农村生态环境是属于特殊意义的公共物品或准公共物品。当然，这也不可避免地存在"搭便车"问题和"公地悲剧"问题。曾几何时，农业农村山清水秀、绿树成荫、鸟语花香、空气清新，是人类生活居住的世外桃源。加上我国农村地域广阔，农业农村资源环境是一片肥沃且诱人的"公地"。但随着人类活动的加剧，对资源环境过度开发利用、破坏损害，以及城乡二元结构的管理体制、环境监管的不到位和农村居民环境保护意识的不足，导致农业农村环境恶化、污染加重，直接威胁农产品质量安全、人们身体健康，甚至影响制约可持续发展。解决这些问题，需要从公共物品的特性入手，采取明晰产权、政府干预、提高居民环境保护意识等多种措施，纠正公共物品供给过程中的外部效应，使外部性内部化。

第三节 事权划分理论

事权划分理论是以相关经济学、政治学理论为支撑形成的思想或方式，如公共物品理论、公共选择理论、治理理论、委托－代理理论、政府职能理论、财政分权理论等。"事权"本身并不是一个规范的学术性概念，从思想史和学术史的发展脉络中并不能找到其源流（韩旭，2016）；在西方的公共经济学文献中，也并无事权一词（寇明风，2015）。经过多年的研究与实践，各界对"事权"形成基本共识，即一般是指处理事务的权力，是事物本身所具有的内在职能、职责的权力。根据主体不同，事权可分为政府事权、市场事权、家庭或个人事权等几大类，其中政府事权指政府依据职能而产生的、通过法律授予的、管理国家具体事务的权力，又可细分为中央政府事权、地方政府事权等；市场事权，则是除政府负责的公共服务、公共管理等公益职能以外的或者政府不宜介入的市场领域范围事务，又可细分为单位事权、企业事权、团体组织事权、公众事权等；家庭或个人事权，则是与家庭或个人密切关联的、局限于家庭或个人范围的相关具体事务。根据客体不同，事权又包括社会公共事务、企业单位或团体组织事务、家庭或个人事务等。

关于事权划分的基础支撑理论，此处仅选择几个经典理论阐述分析。如公共物品理论，因已在上节进行详细分析阐述，此处只作简要概括。根据公共物品的分类、层次，区分覆盖或受益范围的不同，划分中央与地方事权，主要存在"二分法"和"三分法"两种类型。其中"二分法"认为，公共物品可分为全国性公共物品和地方性公共物品，提供全国性公共物品的事权应由中央政府负责，提供地方性公共物品的事权由地方政府负责；"三分法"则认为，公共物品可分为全国性公共物品、准全国性公共物品和区域性公共物品，提供全国性公共物品的由中央政府负责，提供准全国性公共物品的由中央政府负责或者由地方政府负责、中央政府进行补贴，提供区域性公共物品的由地方政府负责。

财政分权理论是为解释地方政府存在的合理性和必要性，弥补新古典经济学原理不能解释地方政府客观存在的缺陷而提出的。财政分权是指中央政府赋予地方政府在债务安排、税收管理和预算执行方面一定的自主权，以此使公众满意政府提供的社会服务，使最基层的公众自由地选择他们所需要的政府类型并积极参与社会管理。该理论的代表人物主要有查尔斯·蒂布特（Charles Tiebout）、乔治·斯蒂格勒（George Joseph Stigler）、理查德·阿贝尔·马斯格雷夫（Richard Abel Musgrave）、华莱士·E. 奥茨（Wallace E. Oates）等。其中，蒂布特提出了"以脚投票"思想用以指导政府间合理划分财权，他假定存在许多提供不同公共产品的收支组合的辖区，可供个人进行选择，个人则通过"用脚投票"，给不同辖区的管理者以压力，以使辖区达到最优规模；施蒂格勒指出与中央政府相比，地方政府具有信息优势，更了解辖区公众的偏好和需求，因此可以更有效地配置资源，实现社会福利的最大化。奥茨提出"财政分权定理"，认为如果集中提供地方性公共产品不会节约成本，且不存在辖区间的外部性，那么每个辖区自己提供公共产品会比统一提供所获得的福利至少一样高（毛程连，2003）。

治理理论是公共管理领域的重要理论之一，是各国政府对经济、政治以及意识形态变化所作出的理论和实践上的回应，拥有较为完善的理论框架和逻辑体系。"市场失效"和"政府失效"是该理论兴起的主要原因（龙献忠、杨柱，2007）。从 20 世纪 90 年代开始，面对市场失效和政府失效，越来越多的人热衷于以治理机制对付市场或国家政府协调的失败（鲍勃·杰索普，1999）。该理论主要思想是，解决社会公共问题，开展社会公共管理，需要政府、企业、团体组织、社会公众、公民个人等多元社会主体，发挥各自优势共同参与，结成合作、协商和伙伴关系，形成互动、多维的管理体系。主要特点是：政府不再是唯一权力中心、唯一主体，其他主体只要得到认可都可参与；国家与社会之间、公共部门和私人部门之间的界限和责任存在模糊性，相互依存和互动，不再坚持国家职能的专属性和排他性；在具体管理过程中，不再局限于政府的号令或权威，还存在其他管理方法和技术模式，手段变得丰富。

事权划分主要遵循五个原则：第一，事务属性原则。根据物品、服务等事务的公私属性或效用特点，划分事权。对具有公共性、公益性、基础性等属性，可能产生"市场失效"问题或市场自身不能解决的，政府可干预；除此之外，属于市场作用范围，市场有效的，政府应少干预或退出，由市场负责。第二，受益范围原则。根据公共物品受益对象的范围大小来分配政府的事权。受益范围大的，属于全国性的、遍及全体国民或相当部分国民，或者外部效益高、跨区域/流域/行业、涉及总量平衡和重大布局的、技术要求高的事务，由中央政府负责；受益范围比较小，仅局限于某一狭小区域的、局部性的，或者外部效益低、技术要求低的事务，则由地方政府负责；跨省（区、市）的事务，可由中央与地方共同负责。第三，效率原则。主要从提供公共产品的效率角度，考虑信息处理的复杂程度带来的信息不对称，扁平化的管理更有效率，划分政府间事权。将信息比较容易获取和甄别的，划为中央事权；将所需信息量大、信息复杂且获取困难的，优先作为地方事权，以更多、更好发挥地方政府组织能力强、贴近基层、获取信息便利的优势，提高行政效率，降低行政成本。第四，职权下放原则。凡是低一级的政府能做的事，一般都不交上一级政府，应尽量由低一级政府负责，这有利于提高办事效率，而且便于民众监督。所以，凡是地方政府能够做的事情，就尽量让地方政府去做，给予其更多自主权。第五，事权与财力相适应原则。中央事权由中央政府承担支出责任，地方事权由地方政府承担支出责任，中央和地方共同事权根据公共服务的受益范围、影响程度等具体情况确定支出责任与承担方式，中央委托给地方的事权由中央政府以足够财力保障地方履行支出责任。

开展科学合理的事权划分，明确政府与市场间、不同级政府间、同级政府内部机构间等的职责关系及分工，是公共管理和经济社会发展中一项极为重要的工作。尤其清晰界定政府间事权及支出责任，更是政治经济领域的核心问题。多年来，基于多种相关基础理论形成的事权划分理论，在经济、社会、政治等领域广泛应用，为提高公共管理与服务水平、推动经济社会发展发挥了重要作用。农业是第一产业，是国民经济和社会发展的基础。我国农业生产发展取得历史性成就，其中最重要的原因之一是我国对农业事务的有效管理。科学划分农业事权，尤其界定政府间农业事权，对规范农业管理、提高农业生产发展水平、推进农业现代化建设具有重要意义。农业生态环境是农业生产发展的物质基础，隶属于农业行业范畴、自然要遵循农业行业发展规律，同时又是自然环境的一个重要组成部分，具有自然环境的基本特点。因此，加强农业农村生态环境保护，既要符合生态环境保护的特点要求，又要遵循农业行业本身的发展规律，需要在事权划分理论的指导与支撑下，重点厘清政府与市场、政府与政府的管理边界及权责关系，特别是事权与财政支出责任，推动各个主体、各种手段、各方资金有效发挥作用。

第四节　环境价值理论

　　价值是经济学、社会学中一个重要概念，体现着事物间的相互作用与联系，表示客体的属性和功能与主体需要间的一种效用、效益或效应关系。传统价值观认为，没有劳动参与的、没有效用的东西没有价值，与之对应的就是自然资源和环境没有价值。这种观点，在很长一段时间内盛行，主要认为资源环境是取之不尽、用之不竭的，无偿的、没有价值的。20 世纪 60 年代以来，特别是可持续发展提出以来，人们逐渐重视生态环境问题，一些经济学家也逐渐意识到经济发展与生态环境、自然资源有关。1967 年，约翰·克鲁梯拉（John V. Krutilla）定义了自然环境价值，将"存在价值"引入主流经济学，认为生态资本的存在价值是独立于人们对它进行使用的价值，要考虑生态资本在当代人和后代人之间的价值分配，为定量评估生态环境价值奠定了理论基础。1987 年，世界环境与发展委员会在报告《我们共同的未来》（*Our Common Future*）中提出应该把环境当成资本，并认为生物圈是一种最基本的资本。1990 年，大卫·皮尔斯（David W. Pearce）和科里·特纳（R. Kerry Turner）在《自然资源与环境经济学》（*Economics of Natural Resources and the Environment*）中正式提出"自然资本是任何能够产生有经济价值的生态系统服务的自然资产"，而且认为所有的生态系统服务可能都会产生经济价值。之后，关于生态环境价值的研究逐渐增多，主要包括生态环境价值的内涵、分类、评估（或核算）等，不断推动环境价值理论发展。

　　关于环境价值的内涵，环境经济学家认为环境价值是指生态环境客体的属性和功能与人类社会主体需要之间的定性或定量关系描述，是生态环境为人类社会所提供的效用、效益或效应。环境价值，也称环境的总经济价值，包括使用价值和非使用价值。其中，使用价值又分为直接使用价值、间接使用价值和选择（或期权）价值，非使用价值又分为存在价值、遗传（或遗赠）价值。所谓使用价值是指生态环境被使用或消费的时候，满足人们某种需要或偏好的能力；直接使用价值是指生态环境直接满足人们生产和消费需要的价值，如生态环境的休闲娱乐、环境教育、基因保护等；间接使用价值是指人们从生态环境获得的间接效益，虽然不直接进入生产和消费过程，却是生产和消费正常进行的必要条件，如生态环境的涵养水源、水土保持、气候调节等；选择价值，或称期权价值，是指人们为了保存或保护某一生态环境，以便将来用作各种用途所愿支付的金额。所谓非使用价值，则是与人类是否使用生态环境没有关系，侧重于生态环境的一种内在属性价值，即无论是否使用、生态环境只要存在都具有其内在价值。所以，存在价值是非使用价值的一种最主要的表现形式，是指从仅仅知道这个生态环境存在的满意中获得的，尽管并没有要使用它的意图，从某种意义上说，它反映着人们对生态环境资源的道德评判，是人们对生态环境存在意义的支付意愿。遗传或遗赠价值，是指当代人为后代人保留的使用价值或非使用价值的价值，是人们希望为未来保留的财产的选择。

环境价值反映着人们对生态环境物品或服务的经济偏好，体现着人们对生态环境改善的支付意愿，或是忍受生态环境损失的接受赔偿意愿。对生态环境价值开展评估、核算，则是判断计量这种经济偏好或支付（接受赔偿）意愿的重要手段。1978年，挪威开始资源环境核算，以国民经济为模型建立环境账户。1985年，荷兰开始土地、能源、森林等的核算。1989年，法国发布《环境核算体系——法国的方法》（Environmental Accounting System—The French Method）。1990年，墨西哥把土地、水、森林等纳入环境经济核算，并率先进行绿色国内生产总值（green gross domestic product，绿色GDP）核算。1991年，日本开始环境核算，于1995年设计成整合环境账户及传统账户的会计基本架构。1993年，美国建立反映环境信息的资源环境经济综合账户体系。1997年，罗伯特·科斯坦萨（Robert Costanza）等发表《全球生态系统服务和自然资本的价值》（The Value of the World's Ecosystem Services and Natural Capital），对全球生态资本的经济价值进行评估，将全球生态系统的服务功能分为17种并进行赋值计算，得出每年33万亿美元的结论，使人们认识到生态资本拥有巨大的经济价值，同时也在世界范围内掀起了生态系统服务功能价值评估与核算的研究热潮。1989 年以来，联合国先后发布了《综合环境与经济核算体系》系列版本，为进一步推动环境价值理论发展，规范各国绿色国民经济核算体系提供了指南和保证。2002 年以来，我国统计部门、环境保护部门、林业部门等开展了一系列自然资源与生态环境的价值核算，为丰富与完善环境价值核算与评估方法、环境价值理论提供了重要支撑。

目前，对环境价值评估、核算的方法，主要包括机理机制法、当量因子法、模型模拟法、能值分析法等几大类。其中，机理机制法是基于生态学、环境学、经济学、农学等学科理论，从农业生态系统内在机理出发，通过分析其运移机制、演化规律、环境因子及质量变化等，对生态环境价值进行评估的方法。根据人类对生态环境物品或服务支付（接受赔偿）意愿的获取途径，按照市场信息的完全与否，机理机制法又可以分为直接市场法、间接市场法和意愿调查法三大类：第一，直接市场法。是指对于能够在市场上进行交易的、可观察和度量的，直接运用市场机制对生态环境产品或服务价值进行估算的方法，主要包括生产率变动法、剂量－反应法、机会成本法、恢复费用法、影子工程法等。第二，间接市场法，或称替代市场法、揭示偏好法。是指对于无法在市场上直接交易的、不易观察和度量的，通过考察人们与市场相关的行为，特别是在与生态环境联系紧密的市场中所支付的价格或他们获得的利益，间接推断出人们对生态环境的偏好，使用替代物的市场价格来衡量估算生态环境物品或服务价值的方法，主要包括内涵资产定价法、旅行费用法、防护支出法、碳税法、工业制氧法、造林成本法等。第三，意愿调查法，或称陈述偏好法。是指对于无法在市场上交易的、不易观察和度量的，通过构建假想市场获得人们对生态环境物品或服务的支付意愿或受偿意愿，估计其价值的方法。

环境价值理论已成为环境经济学、资源经济学、生态经济学领域的一项重要理论，对农业农村生态环境保护投资具有重要指导意义。一方面，农业农村生态环境具有价值，是开展农业农村环境保护投资的必要依据和动力。农业依靠生态环境而产生，又在创造生态环境的过程中得以发展。在农业生产过程中，生态环境既是劳动对象又是劳动资料，农业生产的过程就是人们通过劳动改变自然物的形态以适应人类社会需要的过程，即利用对农业自然资源和生态环境的消费及其形态的变化过程。所以，农业生态系统与自然生态系统有着天然的耦合性，农业生态系统是自然生态系统的重要组成部分，对人类生存与发展发挥着基础性作用。因此，农田、草原、果园、湿地，以及土壤环境、水环境、大气环境等农业资源环境具有重要价值。尤其随着工业化和城市化的快速推进，各种自然资源、生态环境要素稀缺性和生态系统的阈值性日益凸显，例如，耕地数量减少、土壤环境污染加剧、农业水资源短缺、草原沙化等等，良好的农业农村生态环境成为一种稀缺的"奢侈品"，进一步彰显其存在的意义和价值的宝贵。正基于此，人们才有必要的动力开展投入，以保护和改善农业农村生态环境。另一方面，农业农村生态环境的价值量，是开展农业农村环境保护投资的重要参考标尺。随着环境价值理论的不断发展，环境价值的评估、核算方法也不断完善，对农业农村生态环境价值计量发挥着重要指导与支撑作用，有利于不断提高农业农村环境保护投资的精准性和指向性。例如，直接市场法，可作为计量农业环境质量变化的经济损失或经济效益方法。通过建立剂量－反应函数、损害函数或生产率变动方程等具体技术方法，计算农业环境质量的实际变化情况，同时再结合市场价格，从而直接估算农业环境质量变化而带来的经济损失或效益，即获得具体的农业生态环境价值，进而衡量估算农业生态环境保护投资额度。此外，还有替代市场法，如旅行费用、防护支出、影子价格法等，也可作为估算农业生态环境价值的方法，为开展必要的农业生态环境保护投资提供参考依据。

第五节 可持续发展理论

可持续发展已是广泛共识。可持续发展的思想萌芽可以追溯到 20 世纪 60 年代。1962 年，美国海洋生物学家莱切尔·卡逊（Rachel Carson）出版著作《寂静的春天》（*Silent Spring*），深刻揭示了化学杀虫剂的滥用对生物界和人类的致命危害，提出人类应该与大自然的其他生物和谐共处，共同分享地球的思想。此后，人们更加关注生态环境问题。1972 年，罗马俱乐部发表研究报告《增长的极限》（*Limits to Growth*），深刻阐述了自然环境的重要性以及人口和资源之间的关系，指出经济增长不可能无限持续下去，世界将会面临一场"灾难性的崩溃"，并提出"零增长"的对策性方案。同年，联合国在斯德哥尔摩召开人类历史上第一次环境会议——联合国人类环境会议，第一次将环境问题纳入世界各国政府和国际政治的事务议程，讨论了可持续发展的概念。1984 年，美国学者爱蒂丝·布朗·魏伊丝（Edith B. Weiss）系统论述了代际公平理论，成为可持续发展的理论基石。1987 年，世界环境与发展委员会在报告《我们共同的未来》（*Our Common Future*）中正式提出可持续发展模式，明确阐述"可持续发展"的概念及定义。1992 年，联合国在里约热内卢召开环境与发展大会，讨论通过《里约环境与发展宣言》（*Rio Declaration*）和《21 世纪议程》（*Agenda 21*），确立将可持续发展作为人类社会共同的发展战略，标志着可持续发展由理论和概念走向行动，拉开了世界可持续发展的实践序幕。

关于可持续发展的定义有很多种，但被广泛接受、影响最大的仍是世界环境与发展委员会在《我们共同的未来》中的定义，即将可持续发展描述为"既能满足当代人的需要，又不对后代人满足其需要的能力构成危害的发展"。从提出背景与目标初衷理解，可持续发展的核心仍然是发展，而且是一种持续的、质量的与公平的发展；在发展中，要注重环境保护与资源节约，以自然资源为基础，与环境承载能力相协调，提高发展质量；强调经济、社会、环境要协调发展，使子孙后代能够永续发展和安居乐业。与传统发展模式有着本质上的区别：一是由单纯追求经济增长转变为经济、生态、社会综合协调发展；二是由以物为本的发展转变为以人为本的发展；三是由物质资源推动型的发展转变为非物质资源（科技、知识）推动型的发展；四是由注重眼前、局部利益的发展转变为注重长远和全局的发展。

可持续发展的目标是持续的经济繁荣、生态良好、社会进步，是经济、生态、社会的协调发展。具体包括经济可持续发展、生态可持续发展、社会可持续发展三个方面，其中，经济发展是基础，生态、资源与环境是基本条件，社会进步是目的。三者是一个相互影响的综合体，要保持协调发展，才能实现人类的可持续发展。可持续发展遵循公平性原则、持续性原则和共同性原则共三个基本原则。第一，公平性原则，是指机会选择的平等性，是一种机会、利益均等的发展。一方面，是本代人的公平，即代内之间的横向公平，强调同代内区际的均衡发展；另一方面，是指代际公平性，即世代之间的纵向公平，强调既满足当代人的需要、又不损害后代的发展能力。第二，持续性原则，是指在对人类有意义的时间和空间尺度上，支配这一生存空间的生物、物理、化学定律规定的限度内，资源环境对人类福利需求的可承受能力或可承载能力。强调发展的长期性、持续性，不能超越资源和环境的承载能力，不能过"度"，在满足发展需要的同时必须有制约因素。第三，共同性原则。可持续发展是超越文化与历史的障碍来看待全球问题的，所讨论的问题是关系到全人类的问题，所要达到的目标是全人类的共同目标。所以，可持续发展关系到全球的发展。

可持续发展思想、理论和战略，是人类对自然及人类自身的再认识，在反思自身发展历程的基础上，对思维方式、生产方式、生活方式进行的一次历史性变革，是人类世界观、发展观的伟大进步。可持续发展理论与农业农村环境保护紧密相连。可持续发展思想的产生正是源于农业生产中农药对环境的污染、对生态系统带来的危害，才唤醒人们对环境保护问题的思考、对自身行为的反思。因为在此之前，人们并未真正意识到环境保护的重要性，认为生态环境是取之不尽、用之不竭的资源，可以随心所欲、肆意利用。例如，20 世纪 40 年代，人们为了消除害虫、提高粮食产量，在农业生产中大量使用剧毒农药，结果导致农药残留、环境污染，进而影响人体健康、生产发展。农业是人类生存与发展的基本产业，农业发展如何、可持续发展与否，不仅直接关系着农业本身的生产发展状况，而且影响到整个国民经济和其他相关产业的发展，最终影响着人类生存发展和社会的全面进步。生态环境又是农业生产发展的物质基础，可以说是人类生存和经济社会发展的"基础的基础"。可持续发展的目标是持续的经济繁荣、生态良好、社会进步，强调经济、生态、社会的协调发展；承认生态环境的价值，不仅体现在资源环境对经济发展的支撑和服务上，也体现在对生存繁衍的支持上。因此，我们必须采取有力措施，加大资金投入，保护和改善农业农村生态环境，为促进可持续发展提供基础保障。一方面，切实转变农业发展理念、调整发展方式，从依靠拼资源消耗、拼农资投入、拼生态环境的粗放经营，尽快转到注重提高质量和效益的集约经营上来，自觉改变以往"大肥、大药、大水"的农业生产方式，走资源节约、环境友好、生态保育的发展道路。另一方面，切实加大资金投入，大力推进农业"节肥、节药、节水"，以及秸秆、农膜、畜禽粪污、生活垃圾等农业农村废弃物资源化利用，积极开展农业农村环境污染治理修复、耕地轮作休耕、草原河湖休养生息等，切实减少农业农村生产发展对资源环境的损耗，重还农业农村的"蓝天、碧水、净土"，夯实可持续发展的内在基础。

第三章

国外农业农村环境保护投资做法与借鉴

　　环境保护投资的实践最早始于日本和美国公害事件大规模发生之后（张世秋，2001）。20世纪30年代以来，美国、英国、日本等发达国家相继发生了"洛杉矶烟雾事件""伦敦烟雾事件""水俣病事件"等公害，造成严重的人员伤亡，促使人们逐渐关注生态环境问题。特别是20世纪60年代以来，人们对生态环境问题不断深化，深入反思生产生活方式，逐渐确定与践行可持续发展思想、战略和行动。其间，美国、欧盟、日本等发达国家或地区高度重视并采取有力措施开展生态环境保护，推动区域生态环境质量明显改善。在此过程中，这些发达国家或地区将农业农村环境保护作为重要内容，注重建立健全管理体系、完善制度政策、持续加大投入、发挥农民作用，推动农业农村环境基础设施不断完善、环境质量不断改善，为其农业农村持续发展、人们生活环境质量提升等奠定了坚实基础。

第一节　国外农业农村环境保护投资做法

一、美国

　　美国是世界上最发达的国家之一，农业农村环境管理与保护也走在前列。

美国农业农村环境保护基础设施配套完善、适用性好、管理水平高，其建设和服务是典型的多元参与模式，政府依靠杠杆撬动，激励其他主体共同参与，形成多元供给格局。

（一）健全管理体系，明确相关职责

美国农业农村环境管理体系由多个相关部门组成，主要包括美国农业部、美国国家环境保护署和环境质量委员会等机构。

美国农业部（U. S. Department of Agriculture，USDA）是联邦政府内阁 15 个部之一，是实行农业环境保护的重要部门，由 29 个机构组成，包括宣传和外联办公室、农业研究局、自然资源保护局、预算和方案分析办公室、林业局、销售和检验局等。农业环境方面的工作主要由自然资源保护局、林业局等负责。

美国国家环境保护署（U. S. Environmental Protection Agency，EPA）是隶属于美国联邦政府的一个独立行政机构，其成立的目的主要是减小环境问题对人类带来的危害和保护环境。EPA 规模庞大，有三个组成部分：10 个地区办公室、17 个部门和分布在全国各地的 17 个实验室。EPA 有着非常高的权威性，是一个可以独立立法的行政机构，同时也担负着很多责任，包括根据国会颁布的环境法制定并实施相应的环境法律和法规、参与研究环境问题的项目和与环境保护有关的活动、加强对公众的环境教育、培养公众的环保意识等。美国环境管理体系结构见图 3 - 1（车国骊等，2012）。

环境质量委员会（Council on Environmental Quality，CEQ）是一个隶属于美国总统办公室的环境质量咨询机构。它主要负责评估与污染控制和环境保护相关的政府政策和活动，向总统和政府机构提出建议和调整计划，根据美国环境政策法提出实施环境影响评估的指导方针，并在实施过程中向相关部门提供咨询和指导。国会和政府间关系办公室（Office of Congress and Inter-governmental Relation，OCIR）是国会与州和地方政府之间的主要联络点，具体谈判包括环境保护署的主要项目，例如，空气、农药、水、废弃物等方面的问题和一些政府问题。

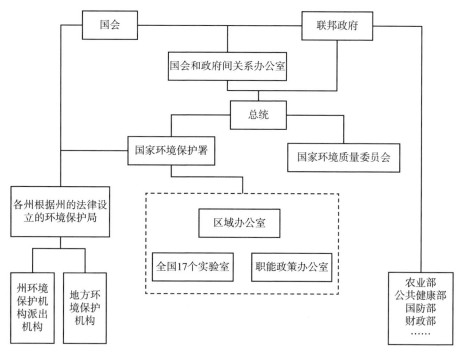

图 3-1　美国环境管理体系结构

资料来源：车国骊等（2012）。

美国预算管理局（Office of Management and Budget，OMB）也隶属于美国总统办公室。信息与规制事务办公室（Office of Information and Regulatory Affairs，OIRA）是 OMB 下属的法定办公室之一，对于联邦大多数机构的行政立法，OIRA 都起着重要的作用，甚至是决定性作用。OIRA 能够审查所有影响经济的重要规范性法案，同时也可以影响其他联邦行动，并提出新的法律或政策问题（金成波、江澎涛，2013）。在履行环境保护职能的过程当中，为了能够完成工作目标，环境保护署必须与其他联邦机构通力合作。

联邦政府的其他机构也通过行使职能和权力间接保护环境，它们下属的部门也在环境管理中发挥着非常重要的作用。与环境管理有关的部门应该令现有的系统、技术、经济和人员更加高效，并在环境管理方面进行充分投资。

在农业农村基础设施建设上，明确划分投资管理职责。对大规模的基础工程建设，联邦和州政府承担投资兴建任务，如建设乡村公路、大型灌溉工程；中等规模农业基础设施，由州政府投资建设，资金主要来源于公有土地拍卖所得；小型规模的农业基础设施建设由基层政府机构（乡或镇委员会）负责，对农场主单独或通过合伙集资等方式修建的小型农业基础设施，政府给予一定数额的资助，并对投资者的经营管理行为依法进行监督（张洁，2016）。州和郡县政府若认为联邦政府确立的农村项目重要，可以相应跟进安排扶持资金。例如，乡村地区道路建设投资，县与县之间的道路由联邦政府负责，县以下的小城镇道路由郡县负责，小城镇道路到农户家门口的道路则由农户自行负责。对农业农村环境保护基础设施建设而言，美国农业部设立乡村地区发展局、农民家计局等进行支持、指导和管理。例如，乡村地区发展局主要负责支持 1 万～2 万人以下的乡村社区基础设施项目建设和资金安排，具体业务依靠美国农业部驻地方（按经济区域设置）的农业经济发展办公室开展，直接受理项目申请、审核确定资助项目、拨付资金、监督落实等业务。

（二）完善法律政策，强化投资保障

20 世纪 30 年代以来，美国在农业、环境保护领域制定出台了一系列法律法规和政策，并及时修订、补充和完善，为农业农村环境保护投资提供了重要保障。1933 年，美国制定出台第一部系统性的农业法律《农业调整法》，是在经济大萧条时期重振经济、加强政府有效干预农业的具体措施之一，规定了土地休耕、信贷和价格支持等相关制度。之后，美国农业法经过多次修订，形成一系列版本。1969 年，美国颁布《国家环境政策法》，推动环境政策和立法进入了一个新的阶段。20 世纪 60 年代末以来，美国环境保护范围开始扩大并跨越农业部门（王世群，2015）。20 世纪 70～80 年代，美国颁布《环境质量改善法》《资源保护和恢复法》《联邦水污染控制法》《联邦土地和管理法》等一系列环保法案，驱动美国农业环境治理朝法制化方向发展，被称为美国史上的"环保十年"（刘北桦等，2015）。1985 年农场法案首先设立了退（休）耕还草还林项目，1990 年农场法案增设了湿地恢复项目，1996年、2002 年和 2008 年农场法案又陆续增设（或补充修改）了环境保护激励项目、环境保护强化项目、农业水质强化项目、野生动物栖息地保护项目、农场和牧场保护项目以及草场保护项目（张玉环，2010）。2008 年、2014 年，颁布实施的《农业法》中的"农村发展"大都与农村社区建设有关，如建设投资农村水和污水处理设施、扶持落后农村社区、为公共安全等必需设施提供融资等。2009 年以来，美国在农村实施了 6700 多个水和污水处理设施项目，保障了 2000 多万居民健康饮水（芦千文、姜长云，2018）。2014 年，形成的《农业法》中资源环境保护项目预算 560 亿美元（2014～2023 年），约占法案总预算的 6%（刘北桦，2015）。

土壤保护方面。1935 年，出台《土壤侵蚀法》。1936 年，制定《土壤保护和国内配额法》，把作物分成两类（"土壤消耗"和"土壤改良"），鼓励开发利用土壤资源，多种增强地力的农作物，促进土地资源高效使用，并使土壤保护成为农业政策的主要组成部分（齐峰等，2014）。1977 年，出台《土壤和水资源保护法》，制定重视受农业点源以及面源污染的农场环境方案等具体方案。1981 年颁布《农地保护政策法》，2000 年颁布《农业风险保护法》等法律进一步完善了对农业土壤的保护制度。2014 年，颁布实施新的《农业法》，再次授权设立保护储备项目（conservative reserve program，CRP），旨在通过政府向参加项目的农场主提供资金补助，将极易侵蚀的土壤和环境敏感作物用地退出农业生产，改种保护性的覆盖作物，以保护与改善土壤、水、野生动植物等资源。

水污染控制方面。1948 年，颁布《联邦水污染控制法》，是美国第一部明确处理水污染问题的立法，允许联邦政府给市政机构提供贷款以建设污水处理设施。20 世纪 50 年代之前，美国饮用水和污水处理基础设施建设的投资几乎全部来自地方政府或私人部门。1956 年，颁布《联邦水污染控制法修正案》，明确联邦政府通过拨款等方式负担市政污水处理建设费用的 55%，联邦政府开始向水环境保护基础设施提供财政支持，并且重点是污水处理项目。1972 年，全面修订《联邦水污染控制法》、颁布《联邦水污染控制法修正案》（《清洁水法》的前身），加入"污水拨款计划"，之后又通过转移支付等手段，从公共财政预算中向各州和地方政府提供大量资金用于水污染控制项目建设。1977 年，再次修正《联邦水污染控制法修正案》、颁布《清洁水法》，把大规模集约化畜禽养殖场作为点源污染、其他养殖场作为面源污染源，规模化养殖场必须持有畜禽粪污排放许可。1987 年，修正《清洁水法》、颁布《水质法》，由联邦拨款调整为通过州级周转信贷资金进行支持。2014 年，颁布实施新的《农业法》，在吸收合并 2008 年农业法 4 个环境保护项目（农业用水强化项目、切萨皮克湾集水区项目、联合保护协作项目、五大湖项目）基础上，授权新设区域保护合作项目，并规定年度资金支持额度为 1 亿美元（王世群，2015）。

面源污染防治方面。1936 年，制定《面源污染控制法》，规定对破坏农村环境质量的违法行为进行追究。1972 年，修订《联邦杀虫剂、杀菌剂及灭鼠剂法》，成为《联邦环境农药监管法》，对农药的来源、销售途径和使用进行严格管理，减少农药污染。1977 年，颁布《清洁水法》，对畜禽养殖污染、农村水资源保护等提出详细计划。1987 年，《清洁水法》修正案增加了第 319 条款："本条款要求各州确定由于面源污染而不能达到水质标准的水域。要确认造成污染的各项活动和制定管理计划来帮助纠正非点源（面源）污染源问题"（汪劲等，2006）。此外，美国其他部门针对农业面源污染制定了分门别类的管理计划，如环境保护局制定的非点源污染管理计划，农业部实施的乡村清洁水计划、国家灌溉水质计划、农业水土保持计划，国家其他职能部门制定的如《清洁水法》、最大日负荷计划、杀虫剂实施计划以及海岸非点源污染控制实施计划等（王燕，2018）。在农业面源防治上，采取了诸如建设草地和植被过滤带、河岸缓冲带、污水蓄水池、人工湿地等工程或技术措施。在防治资金支持上，美国联邦政府成立专项基金对美国各流域水质进行检测和治理，设立种子基金吸引更多民间资本投资于农业面源污染治理，在农场推行循环农业生产模式、对于各项指标达标的农场或农户给予税收减免（王燕，2018）。

废弃物利用方面。在农作物秸秆利用上，2003 年出台《生物质技术路线图》，对生物质能源和生物质基产品发展进行规划。2006～2009 年，又陆续制定《先进能源计划》《纤维素乙醇研究路线图》《美国生物能源与生物基产品路线图》《2007—2017 年生物质发展规划》《国家生物燃料行动计划》《生物质多年项目计划》等，进一步明确生物质资源的开发利用的战略趋向和发展目标（邓勇等，2010）。2008 年颁布的《农场法》，开始加大生物质能等新能源发展的财政投入。例如，2014 年投产的美国首家商业级纤维素乙醇项目（产业化示范项目），总投资 2.75 亿美元，其中美国能源部拨款 1 亿美元作为项目设计和施工、生物质收集以及基础设施建设费用，爱荷华州政府拨款 2000 万美元作为项目固定设施和原料物流费用，美国农业部投资 260 万美元作为项目收集玉米秸秆以及建设原料物流网络的费用（王红彦等，2016）。在畜禽粪污利用上，美国并未有专门的法律法规，而是在相关法律法规中体现规定。例如，1977 年的《清洁水法》，对规模化养殖场排放畜禽粪污进行限制；1999 年美国农业部和美国环保署联合发布畜禽养殖场治理统一国家战略，要求制定畜禽粪便综合养分管理计划（comprehensive nutrient management plan，CNMP）（侯世忠等，2018）。美国农业部所设立的"环境质量奖励财政援助计划"对畜禽粪污处理、利用和养分管理等进行资助，一个农民或者养殖场可能会收到"环境质量奖励财政援助计划"高达 30 万美元的资助，用于未来 6 年内制定和实施粪污综合养分管理计划、建设粪污处理和储存设施以及粪污还田利用的配套设备（Ribaudo，2010）。

（三）政府支持引导，多方参与投资

在美国农业发展过程中，政府公共投资经历了从改善农业生产环境到农业基础设施建设和进行农业教育、科研服务和推广，再到解决农产品过剩问题和保护土地和自然资源三个阶段，在这一过程中，政府成功通过财政投资的导向作用促进了农业和环境发展（季莉娅、王厚俊，2014）。

美国政府主要利用市场杠杆调动投资主体，包括补贴、长期贷款、贷款担保等，并根据不同的情况进行组合。对乡村公益事业和基础设施建设，支持方式主要有财政直接补助、按比例资助、贷款担保补贴、贷款贴息等；在资金的分配上，对贫穷的乡村多给无偿补助金而少给贷款，对富裕的乡村则少给补助金而多给贷款。目前逐步转向以直接贷款或担保贷款为主，以此调动私营企业和金融机构参与的积极性，减轻财政直接投入压力，达到"四两拨千斤"的效果。金融机构是最常用的杠杆支点，通过金融机构放大财政资金的效应，例如，农民家计局提供资本金、预算拨款和贷款周转基金，当资金无法满足贷款需求时向其他金融机构提供担保，并补贴由此产生的利差。

据统计，对农业基础设施建设的投资约占美国农业投资总额的50%，并且投资数额呈持续快速上升趋势；仅20世纪70～80年代，投资金额就增长2.3倍，由64.3亿美元增加到145.5亿美元，年均增长率接近9%（张洁，2016），具体如图3-2所示。2002～2012年，美国农业资源和环境保护项目投入达565亿美元，其中休耕类项目投入208.6亿美元、占36.9%，农用地保护类项目投入154.0亿美元、占27.3%，地役权购买类项目投入62.6亿美元、占11.1%，技术援助类项目投入103.5亿美元、占18.3%，流域保护类项目投入36.3亿美元，占6.4%（李靖，2015）。

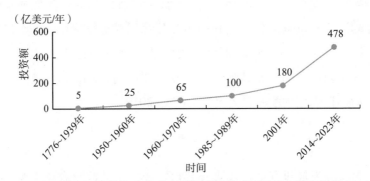

图3-2 美国联邦政府对农业基础设施建设投资金额和趋势

资料来源：张洁（2016）。

在政府的投资引导下，各类社会主体投资农业农村环境保护的热情和行动不断高涨。社会主体以资金、技术、知识支持等方式参与农村基础设施建设，私人企业在政府补贴、贴息贷款等措施的激励下投入资金、技术进行建设和管理。非政府组织（non-governmental organizations，NGO）不仅支持乡村基础设施建设、反映民众需求、辅助政府管理，同时还开展乡村建设项目立项咨询、论证、评估等业务，把选出的优质项目推荐给政府，乡村居民通过使用付费的方式承担诸如自来水供应和污水处理服务等部分受益范围较小的乡村基础设施的投入责任。2014 年，美国建立"农村基础设施建设基金"，基金初始规模 100 亿美元，主要用于支持农村地区基础设施建设包括能源、供水、污水处理等；资金主要由美国农村合作信用体系重要成员——农村合作银行（C. Bank）负责筹措，由基金公司（US Captial Peak Asset Management）负责组织实施；政府主要负责筛选审核项目，大部分项目由企业负责建设，政府提供税率优惠和适当补贴，部分项目由政府和民企合建，另有少部分项目由政府贷款建设（邹力行，2015）。美国在制定环境相关法律、计划时，会邀请农民广泛参与，从而使计划更具有可操作性。农民可以申请组成农村社区，由当地居民自己组织开展农业农村环境治理项目活动。

（四）营造投资环境，完善市场机制

美国拥有发达的农业信贷体系和活跃的农村资本市场，为农业农村环境保护创造了良好的投融资环境。20 世纪初以来，随着美国农业和农村经济的发展，美国农业信贷制度开始产生、不断发展与完善。目前，美国农业信贷体系包括农业出口信贷系统、农场信贷系统、联邦政府直接信贷系统、联邦政府担保信贷系统等，为美国农业和农村发展、基础设施建设提供了重要的资金保障。其中，农场信贷系统（farm credit system，FCS）是美国农业基础设施最主要的核心融资渠道，可向农民和农村房主提供融资、为农业企业提供贷款。目前，FCS 持有 914387 笔贷款，总金额为 2870 亿美元，其大部分贷款都是小额贷款；约 3/4 的 FCS 借款人所借贷款规模在 25 万美元以下、占 FCS 贷款总额的 14%，最大的 1% 的贷款总额占 FCS 资产的 46%；与商业银行相比，FCS 总额中用于农地抵押贷款的比例远大于经营性贷款（Willingham，2021）。美国的农场信贷体系基本是由联邦土地银行、联邦中期信用银行和合作社银行组成，其中，联邦土地银行资金主要来自会员缴纳的股金（联邦银行合作社须向所在联邦土地银行缴纳一定比例的股金，以此取得会员与借款的资格）、发行的联邦农业债券和借款，主要以农民的土地做抵押向农民提供长期不动产贷款；联邦中期信用银行提供中期贷款，通过向证券市场发行不超过三年期的抵押信托债券以筹集资金，债券的利率不得超过6%，贴现率不得高于债券利率1%，而贷款利率不得高于贴现率1.5%（王敏，2016）；合作社银行又分为中央银行和地区银行，向具有全国规模的农业生产与销售合作社和贷款金额超过50万美元的合作社提供贷款，也向地区银行提供贷款（王敏，2016）。

美国农村商业金融机构系统比较完善，资金雄厚，市场化程度高，可以充分调集农村资本市场上的闲置资金，用于农业基础设施建设。在结构上，主要由农村商业银行、农村商业保险公司和农村经销商等机构组成，在农村金融体系中占四成左右。其中，商业银行提供不限制期限的各种贷款服务，保险公司提供期限在5年以上的农业贷款，经销商为供应链提供专门的融资服务（张洁，2016）。此外，证券和风险投资基金也是农业基础设施建设的有效融资方式，可以提供便利快捷的融资服务渠道，丰富美国农业基础设施融资的市场体系（张洁，2016）。多年来，美国农业基础设施融资逐渐形成了多元化的市场政策体系，为美国农业农村环境保护基础设施的建设与完善发挥了重要作用。

二、欧盟

欧盟由27个成员国组成，是世界上经济最发达的地区之一，其农业农村环境基础设施建设起步较早、成效显著。在农业农村环境保护投资建设上，内部成员国既要遵守欧盟的统一目标要求，又要满足各自自主性和差异性需求，具有鲜明的个性特点。

（一）完善法律政策

20世纪70年代以来，欧盟制定实施了一系列有关农业农村环境保护法律政策，为开展农业农村环境保护基础设施投资建设提供了重要保障。

共同农业政策。欧盟共同农业政策（common agriculture policy，CAP）是欧盟农业发展的核心政策，旨在深化成员国之间的农业合作，提高农业生产能力，促进农业发展。自1962年诞生以来，欧盟共同农业政策历经多次改革调整，已形成比较成熟的政策框架，目标清晰、措施具体、机制完善，对促进欧盟农业发展、提升农业竞争力等发挥了重要作用。1992年，欧盟对共同农业政策进行改革，首次将绿色发展纳入政策体系；确立农业休耕计划，规定对于接受价格支持的较大规模农户，如果谷物产量超过92吨，则有义务休耕其15%以上的耕地，同时也鼓励产量不足该标准的小农户自愿休耕，对于休耕导致的损失，政府给予补贴；增加农业环境保护投入，鼓励农民保护农业环境、植树造林、维护生物多样性等（马红坤、毛世平，2019）。2003年，建立交叉遵守机制，即共同农业政策下的各项补贴政策与生产脱钩，与遵守环境、食品安全、动物健康和动物福利标准等方面的法规要求相关联，即农业生产者在遵守农业环境保护、食品安全、动物健康和动物福利等要求的前提下，才能申请获得相应的直接补贴。2013年底，欧盟对共同农业政策进行了新一轮调整，设定了2014～2020年共同农业政策框架；开辟绿色直接支付，定向用于农业环境保护支付，要求欧盟所有成员国必须将30%的直接支付预算用于支持农民开展保护永久性草场、生态重点区域和作物多样性等活动，促进农业生产地区环境保护和气候条件改善；第二支柱资金占共同农业政策预算的25%，其中预算资金的30%必须用于农村环境保护、支持有机农业发展或其他与环境保护相关的投资（马红坤等，2019）。2020年，欧洲理事会通过《2021—2022年过渡期共同农业政策》，以确保欧盟共同农业政策延续性，强调"下一代欧盟复苏计划"将额外提供80亿欧元分配给欧洲农业农村发展基金用来促进农村经济的复苏、农业绿色发展等，要求各成员国在过渡期内将总预算的1/3左右用于"绿色"和动物福利措施（张鹏、梅杰，2022）。

其他相关政策。1972年，欧盟前身欧洲共同体制定《欧洲共同体环境法》，内容涵盖空气和水源保护、生物多样性保护、化学药剂使用、海洋保护等方面的200项准则及规定。此后，欧盟又相继实施了《欧洲联盟条约》《阿姆斯特丹条约》等政策，为欧盟农业农村环境保护提供了法律保障。首先，在农业面源污染控制上，1991年颁布《有机农业和有机农产品与有机食品标志法》，倡导在农业发展过程中的环境保护义务，减少农业中氮、磷等污染元素使用，以最终实现有机的农业发展方式；1998年出台《生物杀灭剂法规》，要求在将生物杀灭剂产品投放到市场前，必须向欧盟及其成员国主管当局提交足够的数据信息用于产品药效和对人、动物、环境安全的评审，并取得授权后产品才能在市场上流通，以减少环境危害；2000 年，在《欧盟水框架性指令》框架下，"硝酸盐指令"鼓励采用沼气发酵工艺、有机肥生产技术来减少畜禽粪污的排放量及肥料流失量；2009 年出台《农药可持续性使用框架指令》，规定各成员国必须制定减少使用除害剂的量化目标、具体措施及相应时间表，以减少除害剂对人类健康和环境的风险和影响。在土壤环境保护上，1972 年颁布《欧洲土壤宪章》，第一次将土壤视为需要保护的重要物品；2004 年制定土壤保护战略，加强土壤保护；2006 年制定《关于建立对土壤保护的框架的建议及对 2004 年第 35 号指令的修订》，成为欧盟共同遵守的土壤污染防治法律规范；2021 年发布《2030 年土壤战略》，提出了欧盟到 2050 年实现土壤健康的愿景和目标，以及在 2030 年前采取的具体行动。各成员国也制定了相关土壤环境保护法律政策，例如，德国于 1999 年实施《联邦土壤保护法》和《联邦土壤保护与污染地块条例》，建立了一套完善的污染场地管理体系；荷兰在 1987 年、2008 年分别颁布《土壤保护法》和《土壤质量法令》，建立了土壤质量标准框架并对土壤环境实行全过程管理。其次，在农村生物质能源发展上，2003 年颁布《生物燃料指令》，鼓励各成员国发展生物能源，并要求各成员国采取措施保障生物能源在其境内的使用份额；2012 年出台《可再生能源指令》，要求各成员国制定生物燃料发展的强制性目标，同时还提出生物燃料发展准则、税收或价格补贴、强制生物燃料销售等政策工具；各成员国也出台各自的法律规范，例如，德国《可再生能源法》规定对以生物质垃圾及禽畜粪便为原料的沼气工程给予很高的补贴，芬兰《农村发展计划（2007—2013)》支持农村微型企业和中小型企业进行生物能源产品改进、生物质能源生产或与生物能源业务活动相关的投资，比利时对种植生物能源作物、沼气发电入电网的农户提供多个部门的资助（许标文等，2019）。

（二）注重规划引领

长期以来，欧盟及主要成员国制定出台了一系列有关农业农村发展、环境保护的规划或计划，明确了建设目标、重点内容与支持方式等，引领着农业农村发展与环境保护。

1. 农业农村规划

欧盟共同农业政策本身就是一项农业农村发展规划，以 7 年为一个周期，详细规定了每个阶段农业农村发展的方向、重点、投资预算等。自 2000 年开始，欧盟已实施 2000～2006 年、2007～2013 年、2014～2020 年、2021～2022 年过渡期农业农村发展计划。2021 年，欧盟发布《农村地区的长期远景》，为农村地区发展制定了一个到 2040 年的长期远景，以"共同建设农村未来"为主题，实施"乡村公约"和"乡村行动计划"，旨在通过欧盟绿色和数字转型带来的新机遇应对欧洲农村发展面临的挑战，发挥乡村在实现全社会可持续发展转型中的积极作用。主要成员国也都建立了详细的规划体系，制定了本国农业农村发展规划，并提交欧盟农业委员会批准。例如，法国制定了《乡村发展规划和设施优化规划》《乡村整治规划》《自然和乡村空间公共服务设施规划》等；德国制定了《国土规划法》等，地方政府制定了本级《村庄更新条例》《村镇发展规划》等（汤爽爽、冯建喜，2017；易鑫、克里斯蒂安·施耐德，2013；常江等，2006）。欧盟要求其成员国将农村生态环境建设纳入本国发展战略中，各成员国需坚持"规划先行"原则，制定本国农村生态环境发展规划（王会芝，2021）。欧盟及主要成员国通过法律法规和规划体系推动农业农村发展，把农业农村生产经营活动和环境保护、文化建设有机结合，执行绿色补贴和多目标交叉政策，实现经济、社会、环境的融合发展。欧盟在保护农村社区自然环境的同时，还积极推进农村基础设施现代化建设，持续推动生态宜居乡村建设。例如，清理水源地沿岸、泄洪道及村庄居民点垃圾堆放，普及集中化雨水排放系统、家庭化粪池和污水处理系统，由市政当局集中处理乡村社区生活垃圾及各户卫生厕所粪便，大力推进乡村社区内部道路砂石化建设，主要交通道路尽量绕开社区居住核心区，用沙混材料铺装交通安全设施，实现自然与人文的统一与融合等。

2. 环境行动规划

环境行动规划是欧盟具有代表性的环境政策，是对欧盟环境相关问题治理的具体化和详细化，为欧盟环境政策相关条例、指令及决策制定提供了直接依据（刘学之等，2017）。20 世纪 70 年代以来，欧盟已出台 7 项环境行动规划，对欧盟环境政策完善、环境质量改善等发挥了重要作用。从目标和内容看，各项环境行动规划各有侧重。1973 年，出台《欧共体第一个环境行动规划（1973—1976）》（又称为"欧洲共同体环境行动纲领"），首次明确了欧共体的环境政策目标、原则，提出要减少和防止污染及其有害物、改善环境和生活质量、在涉及环境保护的国际组织中采取共同行动等内容，第一次将环境保护纳入经济发展，标志着欧共体环境政策的正式形成。1977 年，出台《第二个环境行动规划（1977—1981）》，强调加强环境预防，尤其是加强自然保护、自然计划和自然资源的合理利用。1983 年，通过《第三个环境行动规划（1982—1986）》，强调延伸污染治理范围。1987 年，通过《第四个环境行动规划（1987—1992）》，强调环境政策一体化。1993 年，出台《第五个欧共体环境行动规划（1993—2000）》（又称"欧洲共同体有关走向可持续性的环境和可持续发展的政策和行动的规划"），注重环境政策与经济、农业、渔业、旅游等多行业的协同发展。2001 年，通过《第六个环境行动规划（2002—2012）》，明确应对气候变化、保护自然和生物多样性、环境与健康、可持续的自然资源利用与废弃物管理等四个优先发展领域。2012 年，通过《第七个环境行动规划（2014—2020）》，制定九大优先任务及三大领域优先发展主题，强调增加环境领域的投资、发展环境友好型生产方式。

（三）强化投资支持

欧盟农业农村环境质量的改善与提升，离不开欧盟及其成员国的大量资金投入。从 1999 年起，欧盟将共同农业政策细分为两个支柱，其中：第一支柱支持农业发展，预算由欧盟承担，资金由欧洲农业担保基金支持；第二支柱支持农村发展，预算由欧盟和成员国共同承担，资金由欧洲农业农村发展基金支持。2014 ~ 2020 年的预算周期，欧盟共同农业政策总预算约为 3627.9 亿欧元，占欧盟 2014 ~ 2020 年财政框架总预算金额的 37.8%，支持比例处于世界领先地位，其中欧洲农业农村发展基金向成员国资助 1610 亿欧元，其余部分由欧洲农业担保基金解决（梅坚颖，2018）。

在农业环境保护上，2014～2020 年欧盟共同农业政策在第一支柱中引入绿色直接支付，并规定所有成员国必须将 30% 的直接支付预算用于绿色直接支付，包括支持农民开展保护永久性草场、生态重点区域和作物多样性等活动，促进农业生产地区环境保护和气候条件改善。绿色直接支付，与农业生产脱钩，与农业环境保护、应对气候变化、保障食品安全等环保措施执行挂钩。如果农户能够达到保护永久性草地、保护生态重点区域、保持作物多样性等绿色要求，则对其增益性生态服务给予"绿色补贴"奖励；相反，若农户未达到以上绿色要求则会受到相应的惩罚，按比例削减对其的直接支付金额（梅坚颖，2018）。根据经济合作与发展组织估计，2014～2018 年共同农业政策共投入 1028 亿欧元用于改善农业对气候的影响问题，对气候向好变化的贡献率约为 26%，其中 2016 年欧盟绿色直接支付的平均水平为 80 欧元/公顷（卢璇屹，2021）。在欧盟层面的要求与推动下，主要成员国也积极投资农业环境保护。法国农膜使用量大，绝大多数为聚乙烯薄膜和聚氯乙烯薄膜，给农业环境造成很大压力；为缓解农膜污染危害，法国积极增加投资，支持开展聚酯类地膜以及淀粉和聚酯混合型地膜研究；资料显示，法国农业环境治理和保护投资约占中央财政农业总预算的 8%，近年该项预算逐步与农产品价格保护预算相结合，进而比例有所提高（赵静，2015）。德国为治理土壤污染，采取了投资整治措施，将土地整理费用分为程序费用与实施费用，由政府资助 80%、土地所有者自筹 20%，有力推动了土地整治与农业生产环境保护。

在农村环境保护上，2007～2013 年，欧盟及其成员国共同投入农村建设专项资金 2000 亿欧元左右，通过直接投入、补贴、优惠贷款、税收减免等方式，加大沼气、水源保护、污水和垃圾处理、养殖业污染防治等农村环境基础设施建设；2014～2020 年，欧洲农业农村发展基金资助 1000 亿欧元，每个欧盟成员国在 7 年期间分批获得财政拨款，成员国共有 118 个不同的农村发展计划，并规定每个农村发展计划至少 30% 资金必须用于与环境和气候变化相关的措施（史磊、郑珊，2018）。荷兰，2014～2020 年农村发展公共开支 16.27 亿欧元，其中"生态系统管理"资金预算 9.18 亿欧元，占比 56.4%；将农村发展资金预算的 56% 用于改善景观，促进生物多样性，6% 的资金用于农田水土管理，旨在通过建立农业景观管理计划来改善生物多样性和水土管理，推进生态环境整治（宋洋，2018）。德国建立健全以政府支持为核心的农村环境投资体系，促使土地整治参加者更加重视公共利益、生态环境保护，以实现土地整理综合目标；开展"绿点计划"，通过收取包装废弃物处理费用，由专门公司对包装废弃物进行收集、分类、储运、整理运送到相应的资源再利用厂家，以实现废弃物再循环、从源头减少污染。意大利开展农村垃圾分类投资，将垃圾分为一般垃圾、危险垃圾和包装垃圾，促进垃圾分类回收、再利用。

（四）尊重公众意愿

欧盟农业农村环境保护重视公众参与，尊重公众意愿，注重调动各级政府、社会组织、社区、居民等多元主体参与的积极性，充分发挥各类主体作用。早在 1998 年，联合国欧洲经济委员会就通过了《在环境问题上获得信息公众参与决策和诉诸法律的公约》（即《奥尔胡斯公约》），并于 2001 年正式生效，强调公众在环境问题上参与的重要性和从公共当局获得环境信息的权利，详细规定了环境信息的范围、信息公开的程序、豁免事由、救济措施等内容，极大地促进了环境信息公开。欧盟及主要成员国赋予基层政府、社区、农村等灵活的自主参与权和决策权，通过"农村地区发展行动联合"、地方行动小组等方式动员和联合农村地区多元化的参与，推动农业农村政策和项目的顺利实施，鼓励村民、企业、社会团体等多元主体参与到农村经济、环境建设中。同时，鼓励地方利益相关方参与到发展决策和实施过程中，建立多元化的投资体制，将经济工具作为农村生态环境建设的重要工具。例如，在农村人居环境建设上，在制定政策框架前，欧盟广泛听取农民、协会等利益相关者的意见，鼓励政府和项目实施者进行合作；坚持"尊重自然、顺其自然"原则，注重保护自然生态环境的完整性和持续性，极少采取开山凿石、毁田造地等破坏自然的方式，而是充分发挥乡村基层、农民的主观能动性和积极性，就地取材、因地制宜打造乡村社区绿色空间，建设生态宜居乡村。在成员国层面，德国建立了类型多样、作用突出的农业协会，例如，德国公法农业协会联合会、德国农民与企业协会、有机农业颁证组织、下萨克森州农业协会，以及总部设在德国的国际有机农业运动联盟等，代表农民和农业企业的利益并协调二者的产销活动，同时向政府提出各种建议，以促使农业清洁生产或农业环境保护法律法规合理化（张铁亮等，2012）。法国规定乡村规划涉及村镇时须由当地居民投票决定，组建包括不同地方基层政府、行业协会、公共服务机构在内的联合体、共同体等，开展跨社区、跨区域的项目合作（刘健，2010；易鑫、克里斯蒂安·施耐德，2013）。

三、日本

日本是发达国家，经济社会发展水平位居世界前列。作为岛国，日本四面环海，山多地少，耕地分散，农业农村现代化发展的资源条件先天不足，但通过采取建立健全法律体系、加强政府投入支持、实施精细化管理、强化科技化机械化建设等一系列措施，推动实现农业农村现代化程度达到世界领先水平。在此过程中，日本农业农村环境保护力度不断加大，环境质量持续改善，为农业农村持续发展奠定良好基础。

（一）明确管理事权

日本中央层面农业农村环境管理体系由多个相关部门组成，主要包括农林水产省、环境省、国土交通省等机构。其中，环境省是日本中央省厅之一，是日本国家环境行政主管部门，主要负责日本环境保全、防止公害、制定废弃物对策、自然环境保护，以及对地方相关环境保护工作提供基础设备与财政支持等，包含水、土壤、地基、海洋环境保护和空气环境在内的八大政策领域，以北海道、东北、关东、中部、近畿、九州等七个事务所为中心开展动态、具体的环境政策。

农林水产省是日本中央省厅之一，是日本农业、林业、渔业行政主管部门，主要负责日本农业、林业、水产业发展，食品安全、食物稳定供应，以及振兴农村等方面的政策制定与财政支持等，也是农业农村环境保护投资的主要责任部门，由内局、地方支分部局、外局等组成。其中，内局设有大臣官房、消费·安全局、输出·国际局、农产局、畜产局、经营局、农村振兴局等部门。农村振兴局负责农村政策和农村基础设施建设，由总务课、农村政策部和整备部三个部门组成；农村政策部设置农村计划课、地域振兴课、都市农村交流课、鸟兽对策·农村环境课，整备部设置设计课、土地改良企划课、水资源课、农田资源课、地域整备课、防灾课等。具体组织机构设置如图3-3所示。

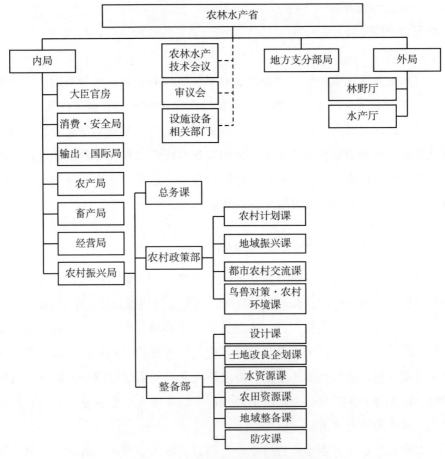

图3-3 日本农林水产省的组织机构

在建立健全相关管理体系基础上，日本进一步明晰中央与地方农业农村环境管理事权，推动农业农村环境保护投资、项目等落实落地。农林水产省、环境省等中央层面机构主要负责农业农村环境保护及投资法律法规的制定、规划编制、预算案编制、国营项目实施管理，以及都道府县及市町村项目的受理等；都道府县主要负责本级预算案编制及报审、本级项目实施管理、市町村项目受理、区域内中央国营项目实施的配合等；市町村主要负责本级农业预算案编制、项目申请、区域内中央国营项目以及都道府县项目实施的配合。在项目实施方面，根据项目规模、实施的难易程度不同，由中央政府、都道府县或市町村政府分别承担。例如，关于废弃物处理，日本环境省负责制定废弃物处理政策、设定处理标准、信息收集等，都道府县负责执行中央政策、制定废弃物处理计划、废弃物处理设施设置和产业废弃物处理事业审批等措施命令，市町村全权负责一般废弃物处理的计划制定、预算安排和具体实施，市民则自行负责合理处理、协助市町村减少排放量。关于农村污水处理，主要针对 1000 人规模以下的村落，用于处理人畜粪便、生活杂排水等污水或雨水，处理设施由污水处理厂以及管道、公共污水井等组成，由市町村负责建设（染野宪治，2018）；国土交通省、农林水产省和环境省通过推出统一的规划制定手册，要求都道府县在与市町村协商的基础上制定都道府县构想的编制方针，市町村根据编制方针，设定集中和个别处理区域，编制包括建设计划在内的市町村草案，负责项目实施并加强进度管理（卢英方等，2016）。

（二）加强立法保障

日本注重建立健全法律政策，加强和规范农业农村环境保护投资。早在1954 年，日本就将《产业组合金库法》修订更名为《农林中央金库法》，进一步加强对农林建设支持。此后，日本又颁布（或修订）《食品·农业·农村基本法》《农业现代化资金补助法》《农业经营基础强化促进法》《重点农业区域建设法》《农业振兴地域建设法》《农业信用保证保险法》《农业协同组合法》《农地法》等法律法规，并配套实施相关细则，建立健全制度体系，加强对农业农村发展建设的扶持和保护。在这些法律政策中，农业农村环境保护投资作为重要内容得到支持与保障。

1. 农村水污染控制

20世纪50年代以来，日本颁布实施了《河川法》《下水道法》《水质污浊防治法》《净化槽法》《湖沼水质保全特别法》《水道水源水质保全特别法》《水污染防治法》《水循环基本法》等系列法律，并注重及时修订、更新，为保护和改善农村水环境发挥了重要作用。其中，《下水道法》和《净化槽法》是日本污水处理的主要两大法律体系，《下水道法》是城市规划区污水处理的主要依据，而《净化槽法》则是农村生活污水治理的主要法律依据。此外，日本还不断制定完善《净化槽法施行规则》《净化槽构造标准及解说》《农业村落排水设施设计指针》及都道府县地方性法规和标准等相关配套法规政策，有力支撑了农村水污染控制。例如，1990年修订的《水污染防治法》，要求市町村建立完善的生活污水处理设施，都道府县开展综合协调，国家承担普及知识和支援地方政府的责任；针对净化槽的设计、建设、安装、运行维护、停运等各个环节要求，日本在《净化槽法》《下水道法》《建筑基准法》等法律中给予了明确（贾小梅等，2019）；在相关设施建设补贴上，由国家和地方给予财政补贴，由地方政府负责推动实施；在设施维护管理上，下水道项目遵照《下水道法》，其他项目遵照《净化槽法》，下水道及农业聚集地污水的维护管理主体为地方政府，净化槽的维护管理主体为使用者个人。

2. 农村垃圾处理

为应对垃圾问题、提升公共卫生水平，日本于1900年制定《污物扫除法》，将垃圾处理纳入法制管理。1954年，出台《清扫法》，明确以市区为特别清扫区域，以市町村基层政府为清扫实施主体，主要清扫处理粪便、垃圾、污泥等"污物"，费用主要由地方财政承担。1967年，制定《公害对策基本法》，在全球首次以基本法的形式确立了公害（即环境污染）防治的具体内容，对公害防治的基本制度、组织机构与职责、对策、财政措施、费用负担等做了严格的规定（钟锦文、钟昕，2020）。1970年，颁布

《废弃物处理法》（之后又多次修订），将废弃物分为家庭、企业排放的一般废弃物和工厂等排放的产业废弃物两大类，其中一般废弃物由市町村负责处理。20 世纪 90 年代以来，又出台《资源有效利用促进法》《容器包装回收利用法》《家用电器循环利用法》《第四次循环型社会形成推进基本计划》等法律政策，进一步细化垃圾分类、处理处置，加强垃圾处理设施建设和投入。

3. 面源污染防治

在种植业污染防治方面，1992 年出台《新的食品·农业·农村政策的方向》，首次提出"环境保全型农业"，强调灵活运用农业所具有的物质循环功能，精心耕作，合理使用化肥、农药等。1999 年，颁布《食品·农业·农村基本法》《肥料管理法（修订）》和《持续农业法》，强调农业的可持续发展、农业的多功能性等，规定农业生产使用堆肥和其他有机肥料的重点是防治农业面源污染。2003 年，实施《农药危害防止运动实施纲要》，进一步加强对农药的审定、生产保管及使用的监察与管理（周玉新、唐罗忠，2009）。2005 年，颁布新的《食品·农业·农村基本计划》和《与环境调和的农业生产活动规范》（通称《农业环境规范》），强调农业经营者必须遵守《农业环境规范》作为享受政府补贴、政策性贷款等各项支持措施的必要条件（刘宇航、宋敏，2009）。在畜禽养殖业污染防治方面，1999 年出台《家畜排泄物法》（之后多次修订），对家畜排泄物导致的环境污染问题给予重视，明确家畜排泄物处理处置的方法、标准；为鼓励养殖业者建立堆肥化设施等，规定可特别返还 16% 的所得税和法人税，还设定了按 5 年课税标准减半收取固定资产税的特例（刘冬梅、管宏杰，2008）；日本政府还实行鼓励养殖业企业保护环境的政策，即养殖业环保处理设施建设费的 50% 来自国家财政补贴，25% 来自都道府县，农户仅支付 25% 的建设费和运行费用（冷罗生，2009）；目前日本通过与《家畜排泄物法》相关联的各项政策，畜禽养殖农户的粪尿处理设施已经基本建成，将粪液分离后堆肥和制造有机肥，仅有 5% 采取废水处理措施（陈颖等，2018）。

（三）政府强力支持

日本是实行农业高投入高支持高保护的国家，政府对农业的支持力度和保护程度位居世界前列。根据经济合作与发展组织（Organization for Economic Cooperation and Development，OECD）数据，2015～2017年，日本的农业支持总量达到484亿美元，占GDP的1%（刘超等，2020）。图3-4显示的近几年变化趋势看，日本农业支持总量及其占GDP比重虽呈下降趋势，但支持水平仍然高于同期OECD成员0.39%的平均水平（邱楠、曾福生，2018）。

图3-4　2000～2016年日本农业总支持水平

资料来源：邱楠、曾福生（2018）。

从农业支持构成看，日本对农业支持主要包括农业生产者支持、一般服务支持以及纳税人对农产品消费者的转移支付等。其中，一般服务支持主要包括政府财政对于农业部门的基础设施建设、技术开发与推广等。虽然日本对农业支持水平呈下降趋势，但仍然非常重视农业基础设施建设与维护。根据OECD数据，2016年，日本对农业基础设施开发与维护的支持规模达到8079.31亿日元，占一般服务支持的85.13%；而且近几年的支持规模在一般服务支持中的比重较为稳定，年均占比高达85.09%，远高于我国农业基础设施建设投入在一般服务支持中的年均31.01%的占比（邱楠、曾福生，

2018）。根据日本农林水产省数据，2015 年，日本农业预算投资为 2.3 万亿日元，占国家预算总额的 2.4%，其中农业农村固定资产投资额为 0.27 万亿日元，占农业预算投资的 11.9%，占比较高（毛世平、龚雅婷，2017）。

从资金来源看，政府是日本农业基本建设的主要投资者，而市町村、农民个人等投资份额相对较小。其中，政府层面又分为中央政府和地方政府（都道府县），如中央政府投资主要用于农田水利建设、农田改造、土地改良区建设等。不同项目类型，投资渠道及规模份额不同。由中央政府负责的国营事业项目，基本建设投资由中央财政 100% 解决；由都道府县负责的基本建设项目，中央政府出资 50%，都道府县本级财政负责 50%；由市町村负责的基本建设项目，中央政府投资 50%，都道府县和市町村各投 25%；由企业、个人等其他团体负责的基本建设项目，中央政府投资 50%，都道府县投资 25%，市町村和项目单位共同投资 25%；项目单位自筹部分资金，还可以获得政策金融公库的长期低息贷款（毛世平、龚雅婷，2017）。

作为农业建设的重要组成部分，农业农村环境设施也受到了日本政府强有力的投资支持。例如，在土地改良区建设上，以中央和地方政府投入为主。日本的土地改良，是实施农田水利建设的重要载体和形式。土地改良区是日本土地改良项目受益范围内成立的农田水利管理组织的称谓，属于民间自治型管理组织，具有公共法人性质，不同规模土地改良区采取相应的管理模式。中央补助的数量根据项目投资总额按比例确定，因建设主体不同，中央补助比例略有差异。农林水产省自行实施的项目，中央补助项目总投资 66.7%，其余由受益的都道府县和市町村政府各承担一半，受益农户不需出资；都道府县政府实施的项目和市町村政府实施的项目，中央补助总投资的 50%，都道府县承担 25%，市町村承担 12.5%，农户自筹 12.5%。在农村环保设施建设上，不断完善财政补贴制度，大力支持农村污水、垃圾等处理。其中，农业污水处理方面，国土交通省、农林水产省、环境省分别实施下水道、农业村落排水、净化槽三大项目补贴制度；对于农业村落排水设施建设，由中央政府提供 50% 的补贴；对于净化槽建设，分为个人设置型和市町村设置型，中央政府分别提供 10%~33% 的补贴；不足部分由地方财政或通过发行地方债券进行筹集，受益农户也要承担部分建设费用。中央政府还对一些经济发展水平不高、财政能力难以负担污水处理设施建设及运营费用的市町村提供较高比例的交付金分配（类似中国的转移支付），提高其资金保障能力；稳定的财政投入机制为日本农村污水治理的设施建设和长效运行提供了资金保障（卢英方等，2016）

（四）鼓励公众参与

日本在政府强力支持的同时，积极鼓励公众特别是农户自主、有意识地参与农业农村环境保护，充分发挥能动性和主体作用，共同推动农业农村环境质量改善。

构建公众参与法律体系。早在 20 世纪 70 年代，日本就修订完善《公害对策基本法》，推动公众参与环境保护。此后，又陆续制（修）订《环境基本法》《增进环保热情及推进环境教育法》等法律，不断完善公众参与环境保护法律体系，推动环境保护成为国民的一项基本权利和义务。日本促进公众参与农业农村环境保护的相关法律，如表 3－1 所示。

表 3－1   日本促进公众参与农业农村环境保护的相关法律

年份	法律、法规、地方条例	相关内容
1970	《公害对策基本法（修订版）》	农村土壤污染等防治法及农村环境标准
1993	《环境基本法》	加强环境保全教育，对农户生活模式进行重新塑造
1994	《环境基本计划》	农村环保费用公平化，国家、企业、农户共担环保责任
2002	《关于环境保护活动的活性化方策》	充分激励农户阶层的环保参与意识
2003	《增进环保热情及推进环境教育法》	环境保全中的全面参与，将环境教育由学校拓展到职场和农村

资料来源：史磊、郑珊（2017）。

发挥农户主体作用。例如，1963 年日本全町开展的"全町美化运动"，引导农户从自身角度出发提出环境治理建议，共同提升农村卫生环境建设水平；20 世纪 70 年代末日本开展的"造村运动"，鼓励农户自立自主就农村共同事务、环保公共设施建设等提出建设方案，方案须得到 2/3 农户同意方可实施；2016 年，岛根县与鸟取县举办清扫湖泊周围垃圾群体活动，参与人数达到 8134 人（王晓琳、李元杰，2017）。日本上胜町在处理垃圾时，以村民为主导，鼓励创新垃圾回收与再利用方式，如将废弃的窗户重新搭成一面墙、将废弃的玻璃瓶制成装饰品摆在室内等，从而减少垃圾、改善环境。

发挥第三方机构作用。岛根县在治理中海水质问题时，不仅有由岛根县和鸟取县的代表组成的中海水质污浊防止对策协议会，还有非营利性组织（自然再生中心）定期举办中海环境保护活动（王晓琳、李元杰，2017）。在管理维护农村污水治理设施时，主要由市町村负责进行，多数是作为公营企业经营，在具体操作上一般委托给民间第三方机构，民间机构必须由具备下水道法及净化槽法所规定的资质的人来执行（赵芳等，2018）。

四、以色列

以色列是发达国家、农业强国，农业现代化、科技化水平高，特别是农业节水灌溉技术领先世界。从资源禀赋看，干旱少雨、水资源匮乏是以色列农业面临的最大挑战。以色列 60% 国土属干旱地区，20% 为半温润区，其余地区多被丘陵和森林覆盖，年降水量只有 400～550 毫米，50% 国土少于 150 毫米（宗会来，2016），人均年占有水资源量 320 立方米，是我国人均占有量的 1/7、世界人均占有量的 1/33，远低于国际公认的贫水线（焦冠杰等，2018）。严重缺水迫使以色列形成了特有的农业高效节水灌溉技术，将大片沙漠变成了绿洲，让"不毛之地"变成了"果蔬之乡"，创造了农业生产发展奇迹。以色列农业节水的成功，离不开政府的规范管理与大力支持、现代化农业节水技术与设施的创新创造、农业科教与推广体系的建立健全等因素。

（一）政府规范管理与大力支持

以色列政府的规范管理与大力支持，是该国农业节水与生产发展取得突出成就的根本保障。多年来，以色列政府始终秉持与严格实施"节约每一滴水"和"给植物灌溉，而不是给土壤用水"等先进理念，制定系列法律法规，建立健全管理体系，建设系列重大工程，开展农业精准补贴支持，保障推动农业节水与农业生产发展。

1. 制定法律法规

20 世纪 50 年代以来，以色列就制定实施了《水法》《水井控制法》《河溪法》《水计量法》《地方政府污水管理法》《水污染防治条例》《经营许可法》等一系列法律法规，对水权、水质管理、用水额度、水费征收、水污染防治等进行了详细规定，将水资源保护和水污染防治纳入法制化轨道。其中，《水法》是以色列水资源管理的基本法，明确规定各类水源均属于国家财产，受国家控制并为全国人民和国家发展服务；只要不导致水源的盐化和枯竭，人人都可以从水源地按有关条款取水和用水；政府任命一名水行政长官对全国的水事务实施管理；政府任命一个水理事会，以履行水法所规定的职责，由农业部长担任理事会主席、水行政长官为副主席，还包括社会公众代表、政府代表、世界犹太组织代表、消费者代表等；同时明确为防止水污染和保护水资源，环境部长在与水理事会协商后，有权发布有关控制、限制、禁止水污染的管理规定。此外，如《地方政府污水管理法》，规定地方政府在规划、建造和维护污水系统良好运作方面的义务；《水资源法》，禁止任何人直接或间接污染水资源；《水污染防治条例》，禁止任何人直接或间接将化学品或生物物质及其残渣倒入水源。

2. 健全管理体系

以色列水管理机构主要涉及农业与农村发展部、环境部、卫生部、基础建设部、财政部、经贸部、旅游部等部门，各部门各负其责、协同工作。其中，农业与农村发展部拥有水管理最大发言权，负责水利法规的实施等。以色列设立国家水资源委员会，对全国水资源进行统一归口管理，负责制定全国水资源政策，以及水资源发展规划、开发与分配、水价控制与调节、污染防治与废水回收利用、制定水资源相关标准等，保障全国水资源供应稳定，满足生产生活需要，同时加强水污染防治监管。农业与农村发展部和国家水资源委员会的决策，都要受代表用水户利益的水务理事会监督，对其负责。同时，为提高水资源管理效能，以色列还成立了国有水资源管理公司，负责水资源的管理、输送、分配。例如，Mekorot 水公司，主要职责就是为以色列工业生产、农业种植和居民生活供水，年供水量达 16 亿立方米，占以色列全年用水总量的 70%。① 公司供应的水部分由其自行生产，部分购自其他水生产公司。

3. 建设重大工程

政府投资建设系列水资源保护重大工程，构建供水输水网络体系，有力解决和保障了农业生产发展用水问题。例如，1953～1976 年政府投资建设的北水南调工程，从加利利湖建造水泵，经输水管道、明渠、水库、扬水站等输送到西部滨海平原、中部山区、南部沙漠，将地中海沿岸平原地区的地下水以及中部山区的地下水连通形成全国的输水系统主体，把北方较为丰富的水资源运输到干旱缺水的南方；工程耗资 1.47 亿美元，输水管线 300 千米，年输水量 12 亿立方米，使以色列全国耕地有效面积从 300 平方千米增加到 2500 平方千米，有力改善了南部的干旱缺水局面，缓解了地区间水土资源的不平衡状况，为以色列统一调配运用水资源、实施科学性水配额制度奠定了基础（程明广、方杰，2021）。经过多年的发展建设，以色列已形成覆盖全国的淡水供应网，推动北方水源源不断地流向南方，有效缓解了南部地区干旱少雨状况，改善了沙漠地区的生态环境，促进了农业生产发展。1972 年实施的污水再利用工程，利用经过处理的城市和工业污水代替淡水进行农业灌溉，既能减少污染、又能开辟新的农业水资源。例如，以色列最大的污水处理厂 Shafdan 废水处理厂，每天收集和处理各大城市产生的各种污水，通过第三条管线，导入几十个分布于内盖夫沙漠不同地区、用于农业灌溉的水库之中，为南部沙漠地区的农业生产提供水源，实现废水的循环利用。此外，以色列还注重植树造林和荒漠化治理，积极保障农业生产发展。20 世纪 90 年代初期，以色列推行"径流法"植树造林，提高水资源利用效率；设立国家犹太基金会，引导和扶持社会组织和个人植树，积极进行荒漠化治理，为以色列农业生产的可持续发展提供了物质基础（王恒，2018）。

4. 实施精准补贴

以色列农业快速发展离不开政府的财政支持。早在 1984 年，以色列就颁布实施《农业投资鼓励法》，对农业领域投资项目给予投资补贴、税额减免

---

① 水资源匮乏国度为何农业发达［N］. 科技日报，2018－12－06.

等。该法案还规定，每年由财政部、农业与农村发展部等部门制定国家农业投资指南，国家财政对主要用于出口、科技含量高的农业项目投资30%，对农业企业购买农业大型机械设备给予购买价格40%的财政补贴，对农业项目实施税收优惠（销售税按0.5%征收、土地改良税1.2%征收、财产税减免），对遭受自然灾害的农民减免税收并按照灾情大小发放一定的救济款（盛立强，2014）。以色列每年用于农业研究与开发的投入约为8000万美金，是世界上在农业研究与开发方面投入较多的国家之一，而财政投入占了一半（马云华，2019），农业信贷投放量在1999~2014年持续15年位于世界前20位（杨丽君，2016）。除政府直接投资、提供优惠贷款、自然灾害保险、承担出口风险外，政府还通过市场化参与投资风险基金等间接形式，积极引导民间资本、海外资本投资于农业高新领域，促进快速发展（沈云亭，2019）。其中，对农业用水的补贴支持，是以色列农业补贴的重要支出。1995~2008年，政府农业用水补贴在4200万~1.68亿美元，占农业预算支持的1/3，主要是对供水公司给予价格支持、对减少用水定额给予补贴、对改进灌溉技术给予投入支持等，具体由农业与农村发展部下属的国家水源公司负责管理（宗会来，2016）。

（二）创新突破农业节水用水技术

科学先进适用的农业节水用水技术是以色列保障农业生产发展、创造世界"沙漠农业奇迹"的关键。研究表明，世界上许多发达国家科技对农业增长贡献率一般在70%以上，而以色列则达到90%以上（宗会来，2016）。节水灌溉技术、"中水"回用技术、海水淡化技术等一系列现代化农业节水用水技术的创新突破，推动以色列农业水资源的利用率高达95%。

1. 节水灌溉技术

节水灌溉是采取有效的技术措施，以较少的灌溉水量创造最佳的农业生产效益和经济效益。以色列是现代农业节水灌溉技术的发源地和设备主要供应地，输水管网遍布全国各地。从1950年开始，以色列就着力于开展农业灌溉用水研究，除不断探索最优灌溉方式外，还根据不同作物品种与用水时段需求智能控制用水，滴灌技术已覆盖60%的灌溉面积（慕慧娟、崔光莲，

2015）。以色列农业节水灌溉技术发展历经大水漫灌、沟灌、喷灌、滴灌等几个阶段，目前以滴灌为主，也是闻名于世的领先技术。滴灌用水的过程主要包括水资源的调配、输配水、田间灌水和作物吸收四个环节，以此形成一个完整的滴灌技术体系，并且受计算机智能控制。滴灌能按时地把水及营养物质直接输送到植物根部，大大减少水蒸发和流溢，可以用少量的水达到最佳效果，水、肥利用率高达 80% ~ 90%，节水 50% ~ 70%，节约肥料 30% ~ 50%，使单位面积产量成倍增长，同时还能防止土壤次生盐渍化、预防病虫害等问题（张红丽等，2007）。2016 年，以色列 90% 以上的农田、100% 的果园、绿化区和蔬菜种植区均采用滴灌技术进行灌溉（霍金鹏，2016）。目前，以色列每年都在推出新的滴灌技术与设备，并从滴灌技术中派生出埋藏式灌溉、喷洒式灌溉、散布式灌溉等多种技术与装备，并进入国际市场（吴炜等，2015）。以色列主要灌溉技术，如表 3 - 2 所示。

表 3 - 2   **以色列主要灌溉技术**

技术名称	相关技术具体信息
滴灌技术	以色列的滴灌技术非常适用于精细种植。低流量滴灌喷头是专为温室应用而设计的，供水量仅为 200 毫升/小时。以色列滴灌系统目前已经发展到第 6 代，并研发出了小型自压式滴灌系统
埋藏式灌溉技术	埋藏式灌溉方式是将管线埋藏铺设于距地表 50 厘米深处的地方，既可以始终保持地表土壤干燥，也不会影响到田间作业。此外，当停止灌溉，水阀被关掉的同时，该系统会自动打开气门，让空气布满整个管线，防止外来尘土被吸进滴灌头，避免造成堵塞
喷洒式灌溉技术	某些植物需要特殊抚育和管护时，以色列有关农业部门就会为每个植物配上一种独立的喷洒器，这种技术被称为喷洒式灌溉技术，这种技术可使水利用率达到 85%
散布式灌溉技术	传统开放式的灌溉技术对水的利用率较低，只有约 40%，造成了水资源的极大浪费。针对田间作物灌溉设计的散布器可使水的利用率达到 70% ~ 80%，这种散布式的灌溉方式适用于大区域灌溉
灌溉系统的操作	计算机控制系统可以对以色列所有的灌溉方式和过程进行监视和调控，如果监控出灌溉过程水肥施用量与设计要求出现偏差，该系统就会自动关闭灌溉装置，同时这种系统还可以实时地收集和记录植物生长环境和生长性状指标等信息

资料来源：赖红兵、鲁杏（2019）。

2. "中水" 回用农业技术

"中水" 回用农业技术是将居民生活用水、工业废水、矿井水等经处理后，达到农业用水标准，用于农业生产的一种技术，从而达到节约用水、保障农业生产发展的目的。早在 1972 年，以色列就制定了《国家污染水再利用工程》计划，开始大规模推动污水再利用，规定城市的污水至少应回收利用一次。以色列将 "中水" 回用于农业，可以降低废水处理成本，因为向农业铺设中水管线（即所谓的第三类水管），远比向城市铺设水管要便宜得多，同时又增加了农业灌溉用水供应。目前，以色列已经建成了世界上最为完善的市政用水和农业灌溉用水供水管道的控制系统，废水处理利用率达到 75%，位居世界前列。以色列每年用于农业生产的中水为 2.3 亿立方米，占农业用水总量 12 亿立方米的 19%（李忠东，2011）。在节约水资源的同时，也减少和避免了废水排放可能造成的环境污染。

3. 海水淡化技术

海水淡化技术是将海水中的多余盐分和矿物质去除得到淡水的一种技术，即将海水淡化为淡水的一种方式，成本高、技术难度大。以色列的海水淡化技术属于世界顶尖水平。20 世纪 60 年代起，以色列科研人员就对咸水灌溉技术进行了大量试验，积累了不同种类农作物对灌溉水咸度敏感性的数据，为咸水灌溉的实现提供可靠的科学依据（慕慧娟、崔光莲，2015）。从 1997 年开始，以色列兴建大规模的海水淡化工厂，将海水、地下咸水淡化后，作为农用和民用水。1999 年，以色列政府制定实施 "大规模海水淡化计划"，以期缓解淡水的供需矛盾。以色列的海水淡化厂主要采用逆渗透技术，利用多层半渗透膜，仅允许淡水分子通过，过滤掉其中的盐分和杂质，再对淡化后的水进行消毒、调节酸碱度等后期处理，最终净化为清洁的淡水。2006 年，以色列海水淡化能力仅有 100 万立方米/天；2015 年，以色列超过 65% 的淡化水被用于农业（包括鱼塘用水以及灌溉），多余的淡化水被用于生态用水，缓解了南部农业用水紧缺的局面（程明广、方杰，2021）。在成本控制上，以色列是世界上海水淡化成本最低的国家之一，大型淡化厂的成本在 1 美元/立方米以下，最低甚至达到 0.53 美元/立方米

（如 Ashkelon 33 万吨/天反渗透工程）。①

（三）建立健全农业科教与推广体系

以色列农业节水与生产发展的显著成就，离不开其强大的农业科教与推广体系支撑。多年来，以色列已建立形成强大完整的由政府部门、科研机构、企业、社会组织和农民有机组成、紧密配合的农业科教与推广体系，分工明确、运作高效，为以色列农业的科技创新突破、成果转化落地、生产发展效益提升发挥着重要的保障作用。

1. 科研体系

以色列农业科研机构主要由政府农业科研机构、高等院校、企业和社会组织等组成，共同支撑着以色列农业科技发展。其中，在政府科研机构中比较著名的是以色列农业研究组织（Agricultural Research Organization，ARO），隶属于以色列农业与农村发展部，是以色列最大、最重要的农业科研机构，承担全国 70% 左右的农业科研工作，主要研究国家层次基础性的农业科学技术问题。以色列农业研究组织（ARO），下设 6 个专业研究院、1 个荒漠农业研究中心、1 个种质库、1 个基因库和 1 个负责商业和经济事务的部门，经费的 50% 来自政府财政资金，其余资金来自农业生产组织、私人部门、国际合作单位，其中很大一部分是以专利转让方式从中获得的收益（刘铁柱，2018）。在高等院校中开展农业科研具有代表性的是以色列希伯来大学农学院，设有农业植物系、农业经济与管理系、农业教育与推广系、土壤与水科学系等，以及农业经济研究中心、食品科学研究中心、地下水研究中心等；其经费主要来自政府，也包括一些社会捐助、基金等，担负着农业科技创新和农业科技人才培养任务。企业和社会组织是以色列农业科研创新的重要力量，在农业先进技术研发、设施设备研制等方面发挥着重要作用。例如，以色列耐特菲姆公司（Netafim Ltd.）以业内第一次进行滴水装置试验而闻名，

---

① 解读《关于加快发展海水淡化与综合利用产业的意见》［EB/OL］. 山东省政府新闻办新闻发布会，http：//www. shandong. gov. cn/vipchat1/home/site/82/1161/article. html，2020－08－17.

被誉为全球滴灌技术、精准农业领导者，主要专注于水肥一体化精准灌溉、温室系统、园林景观节水灌溉、矿业滴淋等技术及配套产品研发，是全球最大的灌溉企业，占全球灌溉设备市场总销售量的30%以上，其年收入的80%来自出口。

2. 教育体系

以色列非常重视农业教育。20世纪60年代，以色列农业教育达到高峰，全国成立30余所农业院校；21世纪初，以色列高等教育覆盖率已达到45%，农业从业人员至少拥有中等教育学历（王富强、张天柱，2017）。目前，以色列已形成由大学农业教育、农民科技教育、农业职业教育等组成的多层次农业教育体系。在大学农业教育方面，以色列现有多个相关农业院校及综合大学的农业院系，覆盖农业节水、农作物育种、作物栽培、农业病虫害防治、畜牧业品种改良、畜禽饲养等各个专业领域，在政府财政支持下，既开展农业基础研究、又强化实用性农业科技教育传授与人才培养，促使毕业生能够很快投入农业生产一线；在农民科技教育方面，以色列每年会针对各地农业农民实际情况，举办多类免费的农业科技培训班、委派相关农业专家深入田间地头等，对农民进行培训、指导与接受咨询，使农民真正学习掌握最新的农业科技，解决生产中的实际问题；在农业职业教育方面，以色列从高中阶段，就开设了相应的农业课程，对国民开展农业职业教育，鼓励高中毕业生从事农业生产。以色列完善的农业教育培训体系，使农民的科技技能及职业素质始终保持在较高的水平上，为其农业现代化发展作出了积极贡献（王岚、马改菊，2017）。

3. 推广体系

以色列把农业推广作为一项公益性服务和事业，政府是农业推广体系建设的核心主体，承担体系建设的主要责任，所需经费大部分由政府财政拨款，大约只有10%来自农业生产者的自助（李燕凌、张远，2013）。1949年，以色列成立农业技术推广服务局，隶属于农业与农村发展部，由一名副部长主管，在全国开展农业技术服务（朱艳菊，2015）。多年来，以色列建立形成了以政府农业推广机构为主，私营农业推广组织、农业专业协会和农业教育培训机构等社会相关组织广泛参与的"一主多元"的农业推广组织体系（李燕凌、张远，2007）。以色列国家农业推广服务中心是以色列农业推广体系的"国家队"，设有14个不同专业的专门委员会和9个区域性推广中心，可以把农业的相关技术成果快速地转化成生产力（王富强、张天柱，2017）。以色列采取多种方式开展农业推广，比如农业推广人员直接到农业生产现场进行指导与示范、专家通过全国农业技术推广网络系统提供技术咨询服务、推广机构利用多种媒介推广传播农业知识或开展技术培训班、区域性农业推广服务中心对采用试验新品种和新生产技术的示范性农户提供全程跟踪式的专业服务等，有力有效推动相关农业技术与设备"生根发芽"，切实发挥作用和效益。

第二节　国外农业农村环境保护投资借鉴与启示

"他山之石，可以攻玉"。梳理分析上述发达国家或地区关于农业农村环境保护投资的有益做法与经验，可为我国加强农业农村环境保护投资、改善农业农村环境质量提供参考借鉴，进而支撑实现乡村生态振兴与经济社会高质量发展。

一、健全法律政策体系

建立健全法律政策体系，发挥法律政策的约束、保障与引导作用，是发达国家开展农业农村环境保护及投资的普遍做法。美国自20世纪30年代以来，围绕农业农村环境保护，在土壤保护、水污染控制、面源污染防治、农作物秸秆利用、畜禽粪污利用、生物质能源发展等方面制定出台了一系列法律法规和政策，并及时修订、补充和完善，为农业农村环境保护投资提供了重要保障，也有力推动了农业农村环境质量改善。欧盟及成员国将法律政策放在重要位置，以保障和推动农业农村环境保护及投资；在欧盟层面，制定出台"共同农业政策""欧洲共同体环境法""欧洲土壤宪章""LEADER 计划"以及系列环境保护指令等，并定期更新修订；在成员国层面，德国、法国、荷兰等国家根据各自实际，制定出台了一系列法律、法规与政策，推动了农业农村环境保护与质量改善。日本早在 1954 年，就修订完成《农林中央金库法》以强化对农林建设的支持，此后又颁布（或修订）《食品·农业·农村基本法》《农业现代化资金补助法》《重点农业区域建设法》等法律法规，并配套实施相关细则；在农村水污染控制、农村垃圾处理、面源污染防治等方面，制定了一系列切实可行、易于操作的法律政策，有力保障了农业农村环境保护投资，显著改善了农业农村生态环境。

多年来，我国围绕农业农村环境保护及投资，制定出台了诸多相关法律政策且发挥了重要作用。但相对上述发达国家或地区，我国的农业农村环境保护投资法律政策仍存在很多不足，主要表现在法律政策体系的不健全、法律政策的执行力度不够等方面。当前，我国正全面推进依法治国，农业农村环境保护及投资也必须依法管理。因此，我们应充分借鉴美国、欧盟、日本等发达国家或地区的有益做法，加快制定完善农业农村环境保护投资法律法规、制度政策，健全法律政策体系，细化内容要求、增强可操作性，并加强执法监督力度，切实发挥法律法规、制度政策的约束与保障作用。

二、政府有力支持引导

鉴于农业的基础性、公共性、弱质性等特点，对农业实施支持保护是世界多数国家的通行做法。其中，政府支持引导农业农村环境保护，也是许多国家的有益经验。在资金上，政府通过多种方式进行投资支持，直接推进农业农村环境保护；在管理上，政府建立健全管理体系，开展事权划分，明确职责分工，同时制定相关规划，规范、引领农业农村环境保护及投资事务。欧盟自 1999 年起，就将共同农业政策细分为两个支柱，以支持农业、农村发展，资金预算分别由欧盟、欧盟和成员国承担；在 2014～2020 年政策周期，第一支柱引入绿色直接支付，规定所有成员国必须将30%的直接支付预算用于绿色直接支付；在2007～2013年政策周期，欧盟及其成员国通过直接投入、补贴、优惠贷款、税收减免等方式，支持沼气、水源保护、污水和垃圾处理、养殖业污染防治等农村环境基础设施建设等。日本是世界上典型的实施农业高投入高保护国家，政府是主要投资主体；不断完善财政补贴制度，大力支持农村污水、垃圾等处理，如对农业村落排水设施建设由中央政府提供50%补贴，对净化槽建设按照个人设置型和市町村设置型由中央政府分别提供10%～33%的补贴，中央政府还对经济发展水平不高、财政能力难以负担污水处理设施建设及运营费用的市町村提供较高比例的交付金分配，提高其资金保障能力。以色列农业节水成效的取得，离不开政府的有力支持；政府统一管理全国水资源，包括水资源发展规划、开发与分配、水价控制与调节、污染防治与废水回收利用、制定水资源相关标准等；政府投资建设北水南调工程、污水再利用工程、海水淡化工程等系列水资源保护重大工程，构建供水输水网络体系；政府对农业节水、农业发展等实施精准补贴，有力保障了农业持续发展。

20世纪70年代以来，我国围绕农业农村环境保护开展了大量投资建设，尤其政府资金发挥了关键作用，不断夯实农业农村环境保护基础设施，为不断改善与提升农业农村环境质量奠定了坚实基础。尽管政治体制、经济水平不同，但与上述发达国家或地区相比，我国政府对农业农村环境保护的投资支持力度仍然较低，投资管理体系仍需优化，尤其相对农业农村环境保护的实际投资需求还存在巨大缺口。当前，我国正全面深入实施乡村振兴战略，农业农村环境保护迫切需要政府的有力支持。因此，我国应充分借鉴欧盟、日本、以色列等发达国家或地区的有益经验，加大政府投资支持力度，创新政府投资方式，稳定与提高资金保障能力，同时优化政府投资管理体系，明确各级政府、政府部门间投资管理事权，支持保障农业农村环境保护投资开展。

三、社会资本积极参与

农业农村环境保护基础设施建设的巨大资金需求，给政府财政造成巨大压力，拓宽资金来源、利用社会资本成为必要的现实选择。利用补贴、税收、信贷等多种措施，引导与撬动金融机构、社会团体等社会主体投资参与农业农村环境保护，以弥补、缓解政府投资的不足与压力，同时发挥多方资本的集聚效应，是发达国家或地区开展农业农村环境保护投资的又一特点。美国利用市场杠杆等手段调动社会投资主体以资金、技术、知识等方式投资支持农业农村环境保护，如以直接贷款、贴息贷款、担保贷款、补贴等方式，调动私营企业、金融机构、非政府组织等投资参与农业农村环境保护的积极性；不断完善农业信贷体系和农村资本市场，推动联邦中期信用银行、合作社银行、农村商业银行、农村商业保险公司等为农业农村环境保护基础设施建设提供资金支持。德国采取投资整治措施，治理土壤污染，由政府资助80%、土地所有者自筹20%，有力推动了土地整治与农业生产环境保护。以色列除政府直接投资、提供优惠贷款、自然灾害保险、承担出口风险外，政府还通过市场化参与投资风险基金等间接形式，积极引导民间资本、海外资本投资于农业节水等高新领域，促进农业持续快速发展。

近年来，随着经济社会发展变化、投资管理改革深化、乡村振兴战略全面实施和生态文明建设深入推进等，我国制定出台了《关于鼓励和引导民间投资健康发展的若干意见》《关于推进农业领域政府和社会资本合作的指导意见》《关于深入推进农业领域政府和社会资本合作的实施意见》《社会资本投资农业农村索引》等诸多相关政策，探索创新了社会资本投资农业农村、生态环境的模式机制，鼓励和引导了一大批社会资本投资建设农业农村环境保护重大工程，充分发挥了市场在资源配置中的决定性作用和更好地发挥了政府作用，为夯实与完善农业农村环境保护基础设施提供了重要支撑。但总体来看，我国农业农村环境保护领域的社会资本投资规模比例仍然较小、投资机制仍需完善、作用发挥依然有限。参考借鉴上述发达国家或地区的经验做法，尤其面对我国农业农村环境保护基础建设尚存巨大资金缺口的现实，我们必须进一步发挥社会资本投资的重要作用，创新投资方式、激发投资活力，完善投资机制、规范投资行为，推动多方主体参与、发挥资金集聚效应。

四、发挥农民主体作用

尊重农民意愿、发挥农民主体作用，是发达国家或地区在开展农业农村环境保护及投资中的又一显著特点。欧盟及成员国在开展农业农村环境保护、基础设施建设中，重视农民参与、尊重农民意愿，注重发挥农民的主观能动性和主体作用，鼓励农民根据实际需求、因地制宜参与家园建设。例如，在农业农村规划编制上，要求自下而上制定，注重调查农民需求，并让农民参与设计，充分考虑农民实际要求，让农民享有充分的知情权和选择权；在农村人居环境建设上，广泛听取农民、协会等利益相关者的意见，鼓励政府和项目实施者进行合作；坚持"尊重自然、顺其自然"原则，充分发挥乡村基层、农民的主体作用，就地取材、因地制宜打造乡村社区绿色空间，建设生态宜居乡村。日本也积极鼓励农户自主、有意识地参与农业农村环境保护，充分发挥能动性和主体作用，共同推动农业农村环境质量改善。比如，在开展"全町美化运动"时，引导农户从自身角度出发提出环境治理建议；在开展"造村运动"时，鼓励农户自立自主就农村共同事务、环保公共设施建设等提出建设方案，方案须得到 2/3 农户同意方可实施；在实施垃圾分类时，各地区的垃圾分类处理方案并非由上而下出自中央政府的统一规定，而是因地制宜、考虑当地民众意愿，所以能够顺利推进。

民间蕴藏着农业农村基础设施建设的巨大力量，尤其对农民人口多、农村面积广、地域差异大、农业农村环境基础设施建设需求类型多样的我国而言，更是如此。长期以来，我国广大农民就是农业农村建设的主体力量，耕地、犁田、修渠、种树、建设家园，为农业生产发展、农村社会进步以及国家经济发展等作出了巨大贡献。但总体来看，我国农民参与农业农村环境保护的力度还不够，认知意识、参与机制、作用发挥等仍有较大提升空间。我们可以充分参考借鉴上述发达国家或地区的有益做法与经验，结合我国农情、国情实际，重视农民参与、尊重农民意愿，在农业农村环境保护政策制定、规划设计、工程建设、监督监管等方面，充分发挥我国农民人多力量大、人多智慧广的重要作用，使政策、规划、工程等更贴近实际与满足农民需求。

第四章

我国农业农村环境保护投资政策分析

我国农业农村环境保护投资与农业农村环境保护工作紧密相关，受环境问题、农业农村发展、经济社会进步、投资管理改革等多重因素影响。20 世纪 70 年代以来，我国农业农村环境保护投资规模从小到大，投资范围从局部到全面，投资主体从单一到多元，投资方式从简单到多样，投资管理从散乱到规范，逐步形成基本完整的现代投资管理体系，彰显中国特色，体现鲜明的时代特点和发展规律，为夯实和提升农业农村环境基础设施、保护和改善农业农村生态环境等提供了重要支撑和保障。

第一节　农业农村环境保护投资演变历程

农业农村环境保护投资是农业农村环境保护工作的重要保障，是农业农村投资、环境保护投资的重要内容。考察我国农业农村环境保护投资的起源与发展，可以追溯到 20 世纪 50 年代就开展的农村沼气建设，甚至更早。但我国真正对农业生态环境保护工作的重视、提出与开启，还是要从 20 世纪 70 年代说起（张铁亮等，2021）。1970 年 12 月 26 日，周恩来总理在接见当时的农林部和其他有关部委的领导同志时，针对农业受工业污染危害问题明确指出："对我们来说，工业'公害'是个新课题。工业化一搞起来，这个问题就大了。农林部应该把这个问题提出来。农业又要空气，又要水，又要不污染"[1]。因此，从这个时期开始，伴随着农业环境保护工作的起步与开展，农业农村环境保护投资不断发展。

一、起步探索阶段（1970～1977 年）

农业农村环境保护投资随着农业农村环境保护形势、经济社会发展状况等变化而变化。从经济社会发展的宏观背景看，1970～1977 年，我国经济社会发展受多种因素影响，呈现出较强的波动性。虽然通过采取经济调整、整顿等相关措施，基本能够完成相关计划指标，实现一定的经济发展、社会进步，但仍然存在经济总量不高、结构不合理、人民生活水平低等问题。例如，1970 年，实现国内生产总值（GDP）2252.7 亿元，人均 GDP 仅为 275 元，第一、第二、第三产业产值比例为 35.2：40.5：24.3；1977 年，国内生产总值（GDP）仅达到 3201.90 亿元，人均 GDP 也仅达到 339 元，第一、第二、第三产业产值比例变化为 29.4：47.1：23.4，农民人均纯收入仅为 117.10元。[2] 在管理体制上，实行计划经济体制，国家对经济活动采取直接指令性行政管理，中央政府统一计划管理资源配置、生产和产品消费等各个方面，企业或生产单位、个体等完全按照计划执行与落实。

从农业农村环境形势看，主要存在工业"三废"和有机农药污染，以及农村饮用水、环境卫生问题等。这段时期，农业农村环境保护的工作重点是提出理念、形成思路，成立机构、明确任务，开展初步的研究、调查和监测。在理念与思路方面，1970 年周恩来总理在接见农林部和其他有关部委领导同志时的讲话指示，表明农业环境问题受到我国重视，农业生态环境保护理念开始逐渐形成，农业生态环境保护工作逐步开启；国务院、环保部门、农业

---

① 顾明. 周总理是我国环保事业的奠基人［M］//李琦. 在周恩来身边的日子. 北京：中央文献出版社，1998：332.

② 国家统计局. 中国统计年鉴（1999）［M］. 北京：中国统计出版社，1999.

部门等印发系列文件，要求开展农业生态环境保护工作，促进了工作思路的初步形成。在机构与任务方面，1971 年农林部在中国农林科学院生物研究所设立农业环境保护研究室，开始有目的、有计划地进行农业环境保护科研工作（陶战，1993）；1974 年，农林部在科技司设立农业环境保护处（买永彬，1989），承担全国农业生态环境保护工作组织与管理职责。在研究、调查与监测方面，初步开展了农业环境质量标准研究和农业环境、农畜水产品污染状况调查与监测评价、污染治理，研究了农田灌溉水质标准、渔业水质标准和农药安全使用标准等，引起社会各界对农业环境和农畜水产品污染严重性的关注，对保护灌溉水源、渔业水域和防止农药污染起到了一定作用，并为开展环境管理和监测工作提供了科学依据和技术储备（陶战，1993）。

因此，这段时期，我国农业农村环境保护投资处于起步探索阶段。主要表现为以下几个特点：一是投资政策或措施尚未明确。虽然在 1973 年，国务院批转《关于保护和改善环境的若干规定（试行草案）》，专章规定环境保护投资，强调"除保护环境、治理'三废'基本建设、科研和监测计划外，国家每年拿出一笔投资，用于其他方面的环境保护"，但对于农业农村环境保护而言，并未明确具体措施。二是投资规模几乎可忽略不计。基本没有有效的政府投资，仅有零散、小量的农村集体经济组织和农户投资投劳。例如，在率先开展的农业环境调查与监测工作方面，我国农业环境监测网络体系建设未列入过国家专项大型建设计划，直到 20 世纪 80 年代中期以后，农业部每年才有约 200 万元的专项基建费对省级农业环境监测站轮流提供补助性支持（陶战，1999）。三是投资主体单一。主要是农村集体经济组织、农户等生产经营和服务主体。四是投资方式简单。主要表现为农村集体经济组织、农户等生产经营和服务主体的投资投劳。五是投资范围与对象狭窄。主要围绕农村植树造林、户用沼气建设等。六是投资管理传统。在零星开展的农业农村生产经营和服务主体的投资投劳中，投资规模、对象等也主要依靠计划、商议等实施，投资管理权限比较集中、计划色彩浓厚。

本阶段主要政策或标志性事件，如表 4 - 1 所示。

表 4 - 1　　　　　　　主要政策或标志性事件（1970～1977 年）

时间	主要政策或标志性事件	意义或涉及内容
1970 年	周恩来总理接见农林部等部门领导时的讲话指示	提出农业生态环境保护理念
1971 年	中国农林科学院生物研究所成立农业环境保护研究室	设立农业环境保护研究机构
1972 年	农林部拟定"污水灌溉暂行水质标准"	开展初步的农业环境标准研究制定
1973 年	农林部委托浙江农业大学主持制定农药安全使用标准	开展初步的农业环境标准研究制定
	国务院批转《关于保护和改善环境的若干规定（试行草案）》	专章规定环境保护投资
1974 年	农林部科技司设立农业环境保护处	设立农业环境保护管理机构
1976 年	农林部委托中国农科院生物所（现农业农村部环境保护科研监测所），组织开展全国主要污水灌区农业环境质量调查研究	开展初步的农业环境调查监测
1977 年	农林部转发《全国农业环境保护工作座谈会纪要》	提出要查清污染源，加强科学研究
	农林部召开全国农业环境保护工作座谈会	强调做好农业环境监测、科研工作
	农林部召开全国渔业环境保护工作座谈会	强调做好渔业环境监测、科研工作

二、缓慢发展阶段（1978～1997 年）

1978 年，是我国发展史上具有划时代意义的一年。我国实行改革开放，推动中国特色社会主义事业开启历史性飞跃。1992 年，邓小平同志发表南方谈话，进一步推动经济社会快速发展。这段时期，我国经济社会发展的总体方向或主要任务是，加快建立和完善社会主义市场经济体制，解放和发展生产力，保持国民经济持续快速健康发展。我国农业农村政策发生重大调整，开启农业农村经营管理体制改革，把集中经营、集体劳动、统一分配的管理体制转变为以家庭联产承包责任制为基础、统分结合的管理体制，赋予农民更多生产经营自主权；1982～1986 年，连续发布 5 个中央一号文件，聚焦农业农村生产经营管理改革问题，有效调动了广大农民的生产积极性，极大解放了农业农村生产力。

乡镇企业异军突起、迅猛发展，逐步成为经济中最活跃的一部分。1978～1988 年，乡镇企业迎来第一个发展高峰期，产值从 493.07 亿元迅速增加至 6495.66 亿元，占国内生产总值的比重达到 27.9%，农民净增收入中有一半以上来自乡镇企业；1992～1996 年，乡镇企业迎来第二个发展高峰期，增加值的年平均增长速度达到 42.8%，占国内生产总值的比重为 26.0%，占全国工业增加值的比重达 43.4%，成为我国农村经济的主体力量和国民经济的重要支柱（宋洪远，2008）。这促使农民群众获得了大量的生产资料占有权和使用权，支配能力不断提高，逐渐成为农业农村生产经营和服务的主体与投资的主体。

随着经济的快速发展，我国农业农村环境问题开始显现，表现为乡镇企业污染、城市转移污染和农业面源污染叠加共存。这段时期，我国农业农村环境保护工作范围不断扩大，除继续深入开展农业农村环境保护标准研究和调查监测外，还逐步开展生态农业建设、污染治理等，同时不断推动各级农（牧渔）业环境监测网络建设。第一，在环境调查监测与研究方面，1979 年，农业部印发《关于农业环境污染情况和加强农业环境保护工作的意见》，要求建立全国农业环境监测网；设立农牧渔业部环境保护科研监测所、农牧渔业部农业环境监测中心站、全国渔业环境监测网等农业环境科研与监测机构，组织实施"我国十三省市主要农业土壤及粮食作物中有害元素环境背景值研究""全国粮食农药污染调查""全国农业环境质量状况调查""全国农畜产品质量（有害物质残留）状况调查"等全国性或区域性农业环境调查监测。第二，在生态农业建设方面，1982 年，国务院环境保护领导小组开始组织生态农业试点，开启我国生态农业建设序幕；1985 年，国务院环境保护委员会印发《关于发展生态农业加强农业生态环境保护工作的意见》，强调进一步开展生态农业的试点工作；1993 年，农业部、国家计委等部门联合印发《关于组织全国 50 个生态农业试点县建设的通知》，提出建设 50 个生态农业试点县；我国生态农业试点由生态户、生态村逐步扩展到生态乡、生态县。第三，在环境污染治理方面，1984 年，国务院出台《关于环境保护工作的决定》，强调积极推广生态农业、防止农业环境的污染和破坏；颁布《中华人民共和国水污染防治法》《国务院关于加强乡镇、街道企业环境管理的规定》等，加强农业农村水污染防治、乡镇企业环境管理；1990 年，国务院出台《关于进一步加强环境保护工作的决定》，要求加强对农业环境的保护和管理，控制农药、化肥、农膜对环境的污染。另外，1993 年，我国颁布《中华人民共和国农业法》，专章规定农业资源与农业环境保护。

在前期探索基础上，我国农业农村环境保护投资开始缓慢发展。主要表现为以下几个特点：一是投资政策或措施开始形成。1984 年，城乡建设环境保护部、国家计委等部门联合印发《关于环境保护资金渠道的规定的通知》，明确环境保护资金筹措渠道。1985 年，我国颁布《中华人民共和国草原法》，规定加强草原保护、建设和合理利用，保护草原生态环境。1993 年，我国颁布《中华人民共和国农业法》，专章规定农业资源与农业环境保护，要求各级人民政府在财政预算内安排的各项用于农业的资金应当主要用于加强农业基础设施建设、加强农业生态环境保护建设等，从法律层面确立农业环境保护投资地位。二是投资规模逐渐增加。国家开始编制包括农业等各行业在内的全社会综合基本建设投资计划，全面反映全民所有制单位基本建设投资规模，搞好综合平衡（罗东，2014）。从 1979 年起，我国相继建立国家级农业环境科研与监测机构、全国农业环境监测网络，开展必要的科研与监测建设投资；1982 年，我国开启生态农业试点、开展生态农业建设投资等，推动农业农村环境保护投资实质性落地。三是投资主体逐渐丰富。政府投资开始发挥关键作用，农村集体经济组织、农户等生产经营和服务主体继续发挥作用，乡镇企业等其他相关投资主体也逐渐参与。四是投资方式逐渐多样。表现为政府的直接投资或投资补助、农村集体经济组织和农户等生产经营和服务主体的投资投劳，以及企业投资等多种方式。五是投资范围与对象逐渐变宽。由原先的植树造林、户用沼气建设为主，逐渐拓宽至农业环境监测网络与科研机构建设、生态农业建设、草原保护、污染治理等方面。六是投资管理发生变化。改革开放的实行，推动我国投资管理体制发生深刻变革，简政放权、缩小指令性计划范围、改变农业生产关系、建设实施市场化是这段时期农业基本建设投资改革的基本特点（郭永田，1999）。农业农村环境保护投资也发生变化，虽然中央政府仍然占据投资主体的主导地位，但中央政府和地方政府开始出现分权、分责。

本阶段主要政策或标志性事件，如表4-2所示。

表4-2　　　　　　主要政策或标志性事件（1978~1997年）

时间	主要政策或标志性事件	意义或涉及内容
1978年	我国实行改革开放	推动经济、社会、农业农村、投资体制等各行业各领域发生全方位变化，深刻影响农业农村环境保护及投资
1979年	农业部印发《关于农业环境污染情况和加强农业环境保护工作的意见》	要求建立全国农业环境监测网
	成立农业部环境保护科研监测所	设立国家级农业环境科研与监测机构
1982年	国务院环境保护领导小组开始组织生态农业试点	开展生态农业建设投资
1983年	农牧渔业部批复农牧渔业部农业环境监测中心站设计任务书	建设国家级农业环境监测业务机构
1984年	国务院印发《关于环境保护工作的决定》	强调保护农业生态环境，推广生态农业；环境保护基本建设投资，分别纳入中央和地方的投资计划，投资数额应逐年有所增加
	国家城建部、国家计委等部门联合印发《关于环境保护资金渠道的规定的通知》	明确环境保护资金筹措渠道
1985年	国务院环境保护委员会印发《关于发展生态农业加强农业生态环境保护工作的意见》	进一步开展生态农业的试点工作，争取建成一批不同生态类型（包括山地、丘陵、平原、草原、水网、城市郊区等）的生态农业示范基点
	颁布《中华人民共和国草原法》	加强草原保护、建设和合理利用，保护草原生态环境，防治污染
	农牧渔业部成立全国渔业环境监测网	开启全国渔业环境监测，开展渔业监测网络建设投资

时间	主要政策或标志性事件	意义或涉及内容
1988 年	国家计划委员会提出《关于投资管理体制的近期改革方案》	对农业基本建设投资按经营性和非经营性进行剥离，成立国家农业投资公司，用经济方法对农业的经营性投资进行管理，简政放权、改进投资计划管理等
1990 年	国务院印发《关于进一步加强环境保护工作的决定》	要求农业部门加强农业环境保护和管理；逐步增加环境保护投入，使环境保护工作同经济建设和社会发展相协调，原有环境保护资金渠道应根据新情况予以落实，并抓好重点污染项目治理和重点环境保护示范工程建设
1992 年	财政部发布《关于实行"分税制"财政体制试点办法》	将基本建设投资划分为中央统管的基本建设投资和地方统筹的基本建设投资，调动中央和地方两个积极性
1993 年	颁布《中华人民共和国农业法》	专章规定农业资源与环境保护；各项农业资金应用于加强农业生态环境保护建设等方面
1996 年	国务院印发《关于固定资产投资项目试行资本金制度的通知》	对各种经营性投资项目，开始试行资本金制度，投资项目必须首先落实资本金才能进行建设
	国务院印发《关于环境保护若干问题的决定》	强调发展生态农业，控制农药、化肥、农膜等对农田和水源的污染

三、快速发展阶段 (1998～2017 年)

1998 年，长江、松花江、嫩江流域发生历史罕见的特大洪涝灾害，受灾面积 21.2 万平方千米，受灾人口 2.33 亿人，因灾死亡 3004 人，各地直接经济损失 2551 亿元，使当年国民经济增速降低 2% (国家林业和草原局，2020)。另据不完全统计，2000～2006 年，全国每年发生农业环境污染事故 9460 起，每年污染农田约 1300 万亩[①]，直接经济损失逾 25 亿元 (戚道孟和

---

① 亩为非法定计量单位，1 亩 = 666.67 平方米。

王伟，2008）。这些自然环境事件，进一步引发了人们对环境保护、农业生产乃至经济社会发展方式的深度思考。为加强水土流失治理与生态环境保护，1999 年，我国在四川、陕西、甘肃 3 个省份实施退耕还林还草试点；2002 年，在全国范围内全面启动退耕还林还草工程；2014 年，开启新一轮退耕还林还草工程。可以说，1998 年以来，我国将农业农村生态环境保护、绿色发展摆上更加突出位置，不断加大政策扶持和投入力度，补短板、强弱项、提能力，加快转变农业发展方式，努力形成绿色生产方式和生活方式。第一，在农业面源污染防治方面，出台《农业部关于打好农业面源污染防治攻坚战的实施意见》《重点流域农业面源污染综合治理示范工程建设规划（2016—2020 年）》等文件，实施农田面源污染综合防控、畜禽养殖污染治理、水产养殖污染防治等重大工程。第二，在农业废弃物资源化利用方面，印发《关于加快推进农作物秸秆综合利用的意见》《关于推进农业废弃物资源化利用试点的方案》等文件，开展农作物秸秆综合利用、废旧农膜回收利用、沼气工程建设等。第三，在农业生态保护方面，印发《草原建设项目管理办法（试行）》《湿地保护修复制度方案》等文件，开展退牧还草、草原保护与建设、湿地保护修复等重大工程建设。第四，在农村环境综合整治方面，印发《中央农村环境保护专项资金管理暂行办法》《关于全面推进农村垃圾治理的指导意见》等文件，开展农村垃圾和污水治理设施设备建设、农村环境污染治理基础设施建设、农村生态环境建设等。

农业农村生态环境保护、绿色发展的有力推进，离不开投资和经济社会发展的支撑保障。20 世纪 90 年代后半期，我国工业化、城市化对农业的冲击加剧，农业税负逐步加重，农产品价格被强行压低，农民种粮积极性极大受挫，农民收入增幅不断放缓，城乡居民收入差距不断扩大，粮食安全形势日益严峻，城乡矛盾、工农矛盾、干群矛盾凸显（王文强，2018）。为此，中央着力调整城乡发展战略与引导政策，于 2004 年再次将中央一号文件的主题锁定"三农"领域并延续至今。从 1998 年起，我国开始推进财政支出管理制度改革，逐渐构建以部门预算、国库集中支付、政府采购、收支两条线、政府收支分类科目等为主体的公共财政体制框架。2001 年，我国加入世界贸易组织（WTO），财政支农体制亟须与国际接轨。2004年，国务院印发《关于投资体制改革的决定》，全面、系统改革投资体制，强调建立市场引导投资、企业自主决策、银行独立审贷、融资方式多样、中介服务规范、宏观调控有效的新型投资体制。2010年，国务院印发《关于鼓励和引导民间投资健康发展的若干意见》，对政府投资的范围和领域更加明确界定，对民间投资发展、管理和调控提出要求，鼓励、引导其投资节能减排、环境保护、资源综合利用等新兴产业。2016年，中共中央、国务院印发《关于深化投融资体制改革的意见》，进一步纵深推进投融资体制改革。此外，国家发展和改革委员会也相继印发《中央预算内直接投资项目管理办法》《中央预算内投资补助和贴息项目管理办法》等文件，强调政府投资资金只投向市场不能有效配置资源的公共基础设施、农业农村、生态环境保护和修复等公共领域项目，以非经营性项目为主，原则上不支持经营性项目。这些都为推动我国财政支农体制向公共财政体制迈进、农业投资管理改革等提供了遵循、指导和动力。为应对东南亚金融危机，我国实行积极的财政政策，扩大内需、拉动消费，大规模发行国债投资，加大对农业等基础设施领域的支持力度，大范围安排了一批重点建设项目（罗东，2014），其中包括诸多农业农村环境保护建设项目，促使农业农村环境保护投资规模、结构与管理等发生显著变化。

这段时期，我国农业农村环境保护投资快速发展。主要表现为以下几个特点：一是投资政策或措施密集出台。例如，2003年，开展农村沼气国债项目建设、启动退牧还草工程；2004年，设立中央环境保护专项资金；2007年，中央财政在《政府收支分类科目》类级科目中增设"211环境保护"，包括农村环境保护、退耕还林等项；2008年，设立中央农村环境保护专项资金；2010年，印发《关于鼓励和引导民间投资健康发展的若干意见》；2014年，实施新一轮退耕还林还草工程；2016年，印发《关于深化投融资体制改革的意见》；2017年，印发《关于深入推进农业领域政府和社会资本合作的实施意见》。二是投资规模迅速增长。退耕还林还草、农业面源污染综合防治、农村人居环境建设等诸多农业农村环境保护建设项目的开工实施，促使建设投资落实落地，投资规模迅速增加。仅从单项工程建设看，其中：退耕还林还草工程，1999～2019年中央财政投入补助资金达4424.8亿元（国家林业和草原局，2020）；农村沼气工程，2003～2010年国家累计安排中央投资242亿元，带动地方和农民的投入数百亿元（国家发展和改革委员会，2011）。三是投资主体逐渐多元。政府投资发挥关键作用，在大多数农业农村环境保护建设项目中占据主导地位，同时引导着农业生产经营和服务主体、金融机构、社会团体等社会投资以及相关外资投资；农村集体经济组织、农户等生产经营和服务主体发挥重要作用，积极参与相关设施建设、运营与维护；金融机构、社会团体、外资等其他相关投资主体日益发挥重要作用，成为农业农村环境保护的重要力量。四是投资方式日益多样。政府投资逐渐由直接投资，向直接投资、资本金注入、投资补助、先建后补、以奖代补等多种方式并存转变。另外，社会投资由投资投劳，逐渐向投资投劳、PPP等多种方式并存转变，一些新的投资模式开始涌现。五是投资范围全面拓宽。从退耕还林还草、草原保护建设、湿地保护，到农业面源污染防治、农业废弃物资源化利用，再到农村生活垃圾治理、生活污水治理等，覆盖农业生态保护、农业环境治理、农村人居环境整治等多个领域，涉及种植业、畜禽养殖业、水产养殖业（渔业）、农村生活环境等多个行业。六是投资管理逐步规范。以往传统的中央集权式、单一指令性计划和行政命令的管理方式式微，政府逐步退出竞争性、营利性领域转向市场不能配置资源的公益性、基础性领域，且中央政府与地方政府分权、分责不断细化，同时项目建设市场化、投资多样化日益成为常态。

本阶段主要政策或标志性事件，如表4-3所示。

表4-3 　　　　　　　**主要政策或标志性事件（1998～2017年）**

时间	主要政策或标志性事件	意义或涉及内容
1998年	长江、松花江、嫩江流域发生历史罕见的特大洪涝灾害	促使人们深度思考经济社会发展方式，进一步认识到生态环境保护的重要性和紧迫性
	我国推动公共财政体制改革	逐步形成部门预算、政府采购、国库集中支付、收支两条线、政府收支分类科目等预算管理制度体系

续表

时间	主要政策或标志性事件	意义或涉及内容
1999 年	四川、陕西、甘肃 3 个省份开展退耕还林还草试点	开启退耕还林还草工程建设序幕
	国家环保总局印发《关于建立环保投资统计调查制度的通知》	环保投资统计的制度性文件，要求逐步开展环境污染治理投资、环境保护能力建设投资等统计
2002 年	国务院西部开发办、国家林业局召开全国退耕还林电视电话会议	全面启动退耕还林还草工程
2003 年	农业部印发《农村沼气建设国债项目管理办法（试行)》	加强农村沼气国债项目管理，规范项目建设行为
	国务院西部开发办等 5 部门联合印发《关于下达 2003 年退牧还草任务的通知》	启动退牧还草工程
2004 年	中央一号文件《中共中央 国务院关于促进农民增收入若干政策的意见》	国家固定资产投资用于农业和农村的比例保持稳定并逐步提高，增加农村中小型基础设施建设投入。对节水灌溉、农村沼气、草场围栏等"六小工程"，增加投资规模，充实建设内容，扩大建设范围。各地因地制宜地开展雨水集蓄、改水改厕和秸秆气化等各种小型设施建设。继续搞好生态建设，实施退耕还林还草、湿地保护等生态工程
	设立中央环境保护专项资金	对筹集环境保护资金、加大中央环境保护投入具有重要意义
	国务院印发《关于投资体制改革的决定》	确立企业的投资主体地位，规范政府投资行为，建立市场引导投资、企业自主决策、银行独立审贷、融资方式多样、中介服务规范、宏观调控有效的新型投资体制。政府投资主要用于关系国家安全和市场不能有效配置资源的经济和社会领域，包括加强公益性和公共基础设施建设，保护和改善生态环境等
2005 年	国家发展和改革委员会印发《中央预算内投资补助和贴息项目管理暂行办法》	重点用于市场不能有效配置资源、需要政府支持的经济和社会领域，主要包括公益性和公共基础设施投资项目、保护和改善生态环境的投资项目等
	国务院出台《关于落实科学发展观加强环境保护的决定》	实施农村小康环保行动工程，继续实施天然草原植被恢复、退耕还林、退牧还草等生态治理工程。各级政府要将环保投入列入本级财政支出的重点内容并逐年增加；引导社会资金投入，完善政府、企业、社会多元化环保投融资机制

续表

时间	主要政策或标志性事件	意义或涉及内容
2007 年	财政部、农业部印发《农村沼气项目建设资金管理办法》	加强农村沼气项目建设资金管理，提高财政资金使用效益
	财政部印发《2007 年政府收支分类科目》	在支出类级科目中，增设"211 环境保护"，使环保在预算支出科目中单立户头，包括农村环境保护、退耕还林等项
2008 年	国务院办公厅印发《关于加快推进农作物秸秆综合利用的意见》	对秸秆发电、秸秆气化、秸秆收集贮运等关键技术和设备研发给予适当补助；对秸秆综合利用企业和农机服务组织购置秸秆处理机械给予信贷支持；鼓励和引导社会资本投入
	设立中央农村环境保护专项资金	采用"以奖促治、以奖代补"的形式，支持近 2000 个村镇开展环境综合整治和生态示范建设
2009 年	环境保护部、财政部、国家发展和改革委员会印发《关于实行"以奖促治"加快解决突出的农村环境问题的实施方案》	以建制村为基本治理单元，重点支持农村生活污水和垃圾处理、畜禽养殖污染治理、农业面源污染和土壤污染防治等与村庄环境质量改善密切相关的整治措施
	财政部、环境保护部联合印发《中央农村环境保护专项资金管理暂行办法》	强调对开展农村环境综合整治的村庄，实行"以奖促治"；对通过生态环境建设达到生态示范建设标准的村镇，实行"以奖代补"
	国务院印发《关于调整固定资产投资项目资本金比例的通知》	对固定资产投资项目资本金比例进行适当调整
2010 年	国务院印发《关于鼓励和引导民间投资健康发展的若干意见》	鼓励、引导民营企业投资于节能减排、节水降耗、新能源、环境保护、资源综合利用等新兴产业
2011 年	财政部、农业部印发《中央财政草原生态保护补助奖励资金管理暂行办法》	中央财政设立专项资金
	财政部印发《2011 年政府收支分类科目》	将"211 环境保护"，调整为"211 节能环保"
2012 年	我国开始统计环境污染治理设施直接投资	统计直接用于污染治理设施、具有直接环保效益的投资，其统计口径小于环境污染治理投资总额

续表

时间	主要政策或标志性事件	意义或涉及内容
2013 年	国务院发布《畜禽规模养殖污染防治条例》	国家鼓励和支持畜禽养殖污染防治以及畜禽养殖废弃物综合利用和无害化处理的科学技术研究和装备研发
	国家发展和改革委员会印发《中央预算内直接投资项目管理办法》	投资补助和贴息资金重点用于市场不能有效配置资源，需要政府支持的经济和社会领域，主要包括公益性和公共基础设施投资项目、保护和改善生态环境的投资项目等
	环境保护部印发《关于发展环保服务业的指导意见》	开展环保服务业政策试点，重点领域包括环境投融资和保险等
2014 年	国务院印发《关于创新重点领域投融资机制鼓励社会投资的指导意见》	在资源环境、生态建设、基础设施等领域进一步创新投融资机制，充分发挥社会资本特别是民间资本的积极作用
	国家发展和改革委员会印发《中央预算内直接投资项目管理办法》	加强和规范国家发展改革委安排中央预算内投资建设的中央本级非经营性固定资产投资项目管理，健全科学、民主的投资决策机制，提高投资效益
	国家发展和改革委员会、财政部等部门联合印发《新一轮退耕还林还草总体方案》	启动新一轮退耕还林还草工程建设
	财政部、农业部印发《中央财政农业资源及生态保护补助资金管理办法》	支持草原生态保护与治理、渔业资源保护与利用、畜禽粪污综合处理以及国家政策确定的其他方向
2015 年	国务院办公厅印发《关于加快转变农业发展方式的意见》	改善田间节水设施设备，加强海洋牧场建设，开展农业面源污染综合防治示范，启动实施农业废弃物资源化利用示范工程，支持规模化养殖场（区）开展畜禽粪污综合利用；推进农村沼气工程转型升级，开展规模化生物天然气生产试点；扶持建设一批废旧农膜回收加工网点，加快建成农药包装废弃物收集处理系统
	住房城乡建设部等部门联合印发《关于全面推进农村垃圾治理的指导意见》	推进农村垃圾治理，建设相关设施设备，政府主导、社会参与

续表

时间	主要政策或标志性事件	意义或涉及内容
2016 年	中共中央、国务院印发《关于深化投融资体制改革的意见》	以中共中央文件名义发布的第一个投融资体制改革文件，是纵深推进投融资体制改革的纲领性文件
	国务院印发《关于推进中央与地方财政事权和支出责任划分改革的指导意见》	科学合理划分中央与地方财政事权和支出责任，形成中央领导、合理授权、依法规范、运转高效的财政事权和支出责任划分模式，落实基本公共服务提供责任，提高基本公共服务供给效率，促进各级政府更好履职尽责
	国家发展和改革委员会印发《中央预算内投资补助和贴息项目管理办法》	资金重点用于农业和农村、生态环境保护和修复等市场不能有效配置资源，需要政府支持的经济和社会领域
	国家发展和改革委员会、农业部印发《农业环境突出问题治理中央预算内投资专项管理办法（试行）》	中央预算内投资支持建设内容包括典型流域农业面源污染综合治理、农牧交错带已垦草原治理和东北黑土地保护涉及的相关基础设施
	国家发展和改革委员会、农业部印发《农村沼气工程中央预算内投资专项管理办法》	中央预算内投资补助资金支持建设规模化大型沼气工程、规模化生物天然气工程
	国家发展和改革委员会、国家林业局、农业部印发《生态保护支撑体系中央预算内投资专项管理办法（试行）》	中央预算内投资支持湿地保护、野生动植物保护及自然保护区建设等项目
	国家发展和改革委员会、国家林业局、农业部印发《新一轮退耕还林还草工程和重点退耕还林地区基本口粮田建设工程中央预算内投资专项管理办法（试行）》	中央预算内投资支持建设退耕还林还草工程、重点退耕还林地区基本口粮田建设工程等项目
	国务院办公厅印发《湿地保护修复制度方案》	实施湿地保护修复工程
	农业部、国家发展和改革委员会等6个部门印发《关于推进农业废弃物资源化利用试点的方案》	对开展畜禽粪污、农作物秸秆综合利用的试点，充分利用沼气工程、农业面源污染综合治理等投资渠道支持；对病死畜禽无害化处理的试点，探索以企业为主体的村收集、乡（镇）转运、县处理运行机制；对有机肥加工厂、沼气纯化等利用内容，积极探索市场化方式，引导和鼓励社会资本投资

时间	主要政策或标志性事件	意义或涉及内容
2016 年	国家发展和改革委员会、农业部印发《关于推进农业领域政府和社会资本合作的指导意见》	引导社会资本参与农业废弃物资源化利用、农业面源污染治理、规模化大型沼气、农业资源环境保护与可持续发展等项目
	农业部办公厅印发《关于进一步规范和制约农业建设项目审批权力的办法》	简政放权，大幅度下放农业建设项目审批和验收权限
2017 年	中共中央办公厅、国务院办公厅印发《关于创新体制机制推进农业绿色发展的意见》	当前和今后一段时期推进农业绿色发展的纲领性文件
	财政部、农业部印发《关于深入推进农业领域政府和社会资本合作的实施意见》	支持畜禽粪污资源化利用、农作物秸秆综合利用、废旧农膜回收、病死畜禽无害化处理，支持规模化大型沼气工程
	环境保护部印发《关于推进环境污染第三方治理的实施意见》	鼓励第三方治理单位提供包括环境污染治理设施建设、运营及维护等活动在内的环境综合服务。鼓励地方设立绿色发展基金，积极引入社会资本，为第三方治理项目提供融资支持
	国务院办公厅印发《关于创新农村基础设施投融资体制机制的指导意见》	对农村污水垃圾处理等有一定收益的基础设施，建设投入以政府和社会资本为主，积极引导农民投入。允许地方政府发行专项债券支持农村污水垃圾处理设施建设，探索发行县级农村基础设施建设项目集合债。支持各地通过政府和社会资本合作模式，引导社会资本投向农村基础设施领域。鼓励农民和农村集体经济组织等筹资筹劳开展村内基础设施建设。政策性银行和开发性金融机构结合各自职能定位和业务范围，支持农村基础设施建设。鼓励利用国际金融组织和外国政府贷款建设农村基础设施
	农业部印发《关于实施农业绿色发展五大行动的通知》	实施畜禽粪污资源化利用行动、果菜茶有机肥替代化肥行动、东北地区秸秆处理行动、农膜回收行动和以长江为重点的水生生物保护行动等农业绿色发展五大行动

四、规范管理阶段（2018 年至今）

2018 年，是全面贯彻党的十九大精神、实施乡村振兴战略的开局之年。中共中央、国务院出台《关于实施乡村振兴战略的意见》《乡村振兴战略规划（2018—2022 年）》，对乡村振兴战略的发展目标、主要任务、重大工程、投入保障等作出系统部署与具体安排，为全面实施乡村振兴战略提供了根本遵循和行动指南。同时，2018 年也是生态文明建设的重要一年。十三届全国人大一次会议第三次全体会议表决通过《中华人民共和国宪法修正案》，将生态文明写入宪法，使之具有了更高的法律地位、拥有了更强的法律效力；中共中央、国务院印发《关于全面加强生态环境保护 坚决打好污染防治攻坚战的意见》，对生态环境保护、污染防治、生态文明建设作出进一步部署安排。具体在农业农村环境保护领域，2018 年中央出台的乡村振兴战略意见、规划等文件，明确要求以绿色发展引领乡村振兴，强调统筹山水林田湖草系统治理，加强农村突出环境问题综合治理，实施农业绿色发展重大工程，推动农村基础设施建设的提档升级，持续改善农村人居环境；出台《农村人居环境整治三年行动方案》，提出推进农村生活垃圾治理、厕所粪污治理、农村生活污水治理、提升村容村貌等；中央农办、农业农村部等部门印发《关于推进农村"厕所革命"专项行动的指导意见》，要求各级财政采取以奖代补、先建后补等方式，引导农民自愿改厕，支持整村推进农村改厕，重点支持厕所改造、后续管护维修、粪污无害化处理和资源化利用等，同时依法合规吸引社会资本、金融资本参与投入，推动建立市场化管护长效机制。

2018 年，中共中央印发《关于深化党和国家机构改革的决定》《深化党和国家机构改革方案》，对党和国家机构改革的目标、原则、内容等进行系统部署，以提高党的执政能力和领导水平，推动党和国家事业发展，适应新时代中国特色社会主义发展要求。这次改革，是推进国家治理体系和治理能力现代化的深刻变革，意义重大、影响深远，也对农业农村环境保护及其投资产生了重要影响。首先，在体制机制上，组建农业农村部，承担原中央农村工作领导小组办公室的职责、原农业部的职责，以及国家发展和改革委员会的农业投资项目、财政部的农业综合开发项目、国土资源部的农田整治项目、水利部的农田水利建设项目等管理职责，并将中央农村工作领导小组办公室设在农业农村部；组建生态环境部，承担原环境保护部的职责，国家发展和改革委员会的应对气候变化和减排职责，国土资源部的监督防止地下水污染职责，水利部的编制水功能区划、排污口设置管理、流域水环境保护职责，农业部的监督指导农业面源污染治理职责，国家海洋局的海洋环境保护职责，国务院原南水北调工程建设委员会办公室的南水北调工程项目区环境保护职责等。其次，在政策法规上，2019 年国务院颁布《政府投资条例》，是政府投资领域的第一部行政法规、投资建设领域的基本法规制度，将政府投资纳入法治轨道，依法规范政府投资行为；国家发展和改革委员会等部门印发《农业可持续发展中央预算内投资专项管理暂行办法》《农村人居环境整治中央预算内投资专项管理暂行办法》等多个中央预算内投资专项管理办法，深化细化涉农中央预算内投资管理；2020 年，国务院办公厅印发《生态环境领域中央与地方财政事权和支出责任划分改革方案》，明确中央和地方的土壤污染防治、农业农村污染防治等事权与支出责任。

这段时期，我国农业农村环境保护投资逐步规范。主要表现为以下几个特点：一是投资体制更加顺畅。将原先相对分散的农业投资管理职责、机构部门等进行一定程度整合，不断理顺农业投资体制机制，有利于强化农业投资管理，提高资金使用效益，形成工作合力，从而也进一步推动农业农村环境保护建设项目落实落地。二是投资管理更加规范。2019 年，国务院颁布的《政府投资条例》，对政府投资范围、方向、管理体制和管理方式、项目资金等进行明确界定，将政府投资管理制度化、规范化、法定化。之后，国家发展和改革委员会、财政部、农业农村部等印发多项涉及农业农村环境保护投资政策，纵深推进农业农村环境保护投资规范管理。三是投资对象更加聚焦。在常规投资建设基础上，更加强调补短板、强弱项、提能力，聚焦农村"厕所革命"、农村人居环境建设、农业面源污染综合防治、农业生态系统保护等领域，尤其重视脱贫地区、重点生态功能区等重点区域的农业农村环境保护基础设施建设。四是投资主体更加多元。政府投资主要投向市场不能有效配置资源的领域，政府投资资金更多发挥引导和带动作用，更加积极鼓励社会资金投向公共领域项目、不断激发社会投资活力，鼓励广大农业农村生产经营和服务主体参与建设。五是投资方式更加多样。明确政府投资资金的基本管理方式（直接投资、资本金注入、投资补助、贴息等），鼓励发行专项债券等；大力推广政府与社会资本合作（PPP），不断创新社会资本投资方式，通过独资、合资、合作、联营、租赁等途径，采取特许经营、购买服务、股权合作、公建民营、民办公助等方式。

本阶段主要政策或标志性事件，如表4-4所示。

表4-4　　　　　　　　主要政策或标志性事件（2018年至今）

时间	主要政策或标志性事件	意义或涉及内容
2018年	中共中央、国务院印发《关于全面加强生态环境保护　坚决打好污染防治攻坚战的意见》	持续开展农村人居环境整治行动，实施耕地土壤环境治理保护重大工程，推进农村垃圾就地分类、资源化利用和处理，建立农村有机废弃物收集、转化、利用网络体系
	中共中央办公厅、国务院办公厅印发《农村人居环境整治三年行动方案》	推进农村生活垃圾治理、厕所粪污治理、农村生活污水治理、提升村容村貌等；加大政府投入、加大金融支持力度、调动社会力量参与
	国务院办公厅印发《关于保持基础设施领域补短板力度的指导意见》	加大高标准农田、畜禽粪污资源化利用等农业基础设施建设力度，推进农村人居环境整治三年行动，支持农村改厕，促进农村生活垃圾和污水处理设施建设，推进村庄综合建设
	中央农办、农业农村部等8个部门联合印发《关于推进农村"厕所革命"专项行动的指导意见》	财政采取以奖代补、先建后补等方式，引导农民自愿改厕，支持整村推进农村改厕，重点支持厕所改造、后续管护维修、粪污无害化处理和资源化利用等。依法合规吸引社会资本、金融资本参与投入，推动建立市场化管护长效机制

时间	主要政策或标志性事件	意义或涉及内容
2019 年	国务院颁布《政府投资条例》	政府投资管理的第一部行政法规，投资建设领域的基本法规制度
	国务院印发《关于加强固定资产投资项目资本金管理的通知》	对生态环保、社会民生等领域的补短板基础设施项目，在投资回报机制明确、收益可靠、风险可控的前提下，可以适当降低项目最低资本金比例，但下调不得超过 5 个百分点
	国家发展和改革委员会等 6 个部门印发《农业可持续发展中央预算内投资专项管理暂行办法》	包括畜禽粪污资源化利用整县推进项目、长江经济带农业面源污染治理项目。安排地方的中央预算内投资属于补助性质，由地方按规定采取适当方式安排相关工程；鼓励各地创新财政资金使用方式，推广农业领域政府和社会资本合作（PPP），采取特许经营、购买服务、股权合作，撬动社会资本更多投入
	国家发展和改革委员会等 6 个部门印发《农村人居环境整治中央预算内投资专项管理暂行办法》	以推进农村生活垃圾、生活污水治理和村容村貌提升等为重点，建设资金以地方为主负责落实，中央预算内投资通过定额补助方式予以支持
	国家发展和改革委员会等 6 个部门印发《森林草原资源培育工程中央预算内投资专项管理办法》	中央预算内投资对退耕还林还草、退牧还草等工程实行定额补助；地方统筹采取加大地方财政投入、合理安排地方专项债券、规范和畅通项目融资渠道、鼓励和吸引社会资本特别是民间资本参与等措施，保障工程建设资金需求
	国家发展和改革委员会等 6 个部门印发《生态保护支撑体系项目中央预算内投资专项管理办法》	中央预算内投资重点支持野生动植物保护及自然保护区建设、湿地保护和恢复等项目建设；安排地方的中央预算内投资属于补助性质，由地方按规定采取适当方式安排相关工程；地方统筹采取加大地方财政投入、合理安排地方专项债券、规范和畅通项目融资渠道、鼓励和吸引社会资本特别是民间资本参与等措施，保障工程建设资金需求
	国家发展和改革委员会等 6 个部门印发《重大水利工程中央预算内投资专项管理办法》	中央预算内投资重点支持大中型灌区续建配套节水改造工程等工程建设；安排地方的中央预算内投资属于补助性质，由地方按规定采取适当方式安排相关重大水利工程

续表

时间	主要政策或标志性事件	意义或涉及内容
2019 年	国家发展和改革委员会等 6 个部门印发《重点区域生态保护和修复工程中央预算内投资专项管理办法》	中央预算内投资对京津风沙源治理、石漠化综合治理、三江源生态保护和建设等工程实行定额补助；地方统筹采取加大地方财政投入、合理安排地方专项债券、规范和畅通项目融资渠道、鼓励和吸引社会资本特别是民间资本参与等措施，保障工程建设资金需求
	财政部、农业农村部联合印发《关于开展农村"厕所革命"整村推进财政奖补工作的通知》	中央财政奖补资金由地方统筹使用，主要支持粪污收集、储存、运输、资源化利用及后期管护能力提升等方面的设施设备建设。建立健全财政投入引导、农民和集体积极投入、社会力量多方支持的多元化投入机制
	中央农办、农业农村部、生态环境部、住房城乡建设部等 9 个部门联合印发《关于推进农村生活污水治理的指导意见》	农村生活污水治理设施建设由政府主导，采取地方财政补助、村集体负担、村民适当缴费或出工出力等方式建立长效管护机制；通过政府和社会资本合作等方式，吸引社会资本参与
	农业农村部办公厅印发《关于进一步加强农业投资管理的通知》	推动发行乡村振兴专项债，集中资金加快完成农村人居环境整治等任务，合理引导社会资本投向农村人居环境整治等重点领域，发挥农民和村集体经济组织投入积极性和主体作用
2020 年	中共中央办公厅、国务院办公厅印发《关于构建现代环境治理体系的指导意见》	建立健全常态化、稳定的中央和地方环境治理财政资金投入机制
	国务院办公厅印发《关于印发生态环境领域中央与地方财政事权和支出责任划分改革方案的通知》	将土壤污染防治、农业农村污染防治确认为地方财政事权，由地方承担支出责任，中央财政通过转移支付给予支持
	财政部、国家林业和草原局联合印发《林业草原生态保护恢复资金管理办法》	资金主要用于完善退耕还林政策、新一轮退耕还林还草、草原生态修复治理等方面
	国家发展和改革委员会印发《关于规范中央预算内投资资金安排方式及项目管理的通知》	统一规范政府投资资金各种安排方式的概念和适用范围，充分发挥不同投资方式的作用
	中央农办、农业农村部等 7 个部门联合印发《关于扩大农业农村有效投资　加快补上"三农"领域突出短板的意见》	加快农村人居环境整治工程等农业农村领域补短板重大工程项目建设，多渠道加大农业农村投资力度，包括扩大地方政府债券、财政投入、金融服务、社会资本投资等

时间	主要政策或标志性事件	意义或涉及内容
2020 年	农业农村部印发《农业农村部中央预算内直接投资农业建设项目管理办法》	加强中央预算内直接投资农业建设项目管理，规范项目建设程序和行为，推进简政放权和全面绩效管理，提高项目建设质量和投资效益
	农业农村部印发《农业农村部中央预算内投资补助农业建设项目管理办法》	加强中央预算内投资补助农业建设项目管理，规范项目建设程序和行为，推进简政放权和全面绩效管理，提高项目建设质量和投资效益
2021 年	中共中央办公厅、国务院办公厅印发《农村人居环境整治提升五年行动方案（2021—2025 年)》	推进农村厕所革命、农村生活污水治理、农村生活垃圾治理、村容村貌提升等；完善地方为主、中央适当奖补的政府投入机制，继续安排中央预算内投资，地方各级政府保障农村人居环境整治基础设施建设和运行资金；通过政府和社会资本合作等模式，调动社会力量积极参与投资收益较好、市场化程度较高的农村人居环境基础设施建设和运行管护项目；引导各类金融机构依法合规对改善农村人居环境提供信贷支持
	中共中央办公厅、国务院办公厅印发《关于推动城乡建设绿色发展的意见》	提高镇村设施建设水平，推进农村生活垃圾、污水、厕所粪污、畜禽养殖粪污治理，实施农村水系综合整治，推进生态清洁流域建设等
	国家发展和改革委员会印发《中央预算内投资资本金注入项目管理办法》	指安排中央预算内投资作为项目资本金的经营性固定资产投资项目。更好发挥中央预算内投资的引导和撬动作用，提高投资效益，激发全社会投资活力
	财政部、国家乡村振兴局等 6 个部门印发《中央财政衔接推进乡村振兴补助资金管理办法》	补齐必要的农村人居环境整治和小型公益性基础设施建设短板
	财政部印发《农村环境整治资金管理办法》	支持范围包括农村生活垃圾治理，农村生活污水、黑臭水体治理，农村饮用水水源地环境保护和水源涵养等
	财政部印发《土壤污染防治资金管理办法》	重点支持范围包括土壤污染源头防控，土壤污染风险管控，土壤污染修复治理，土壤污染状况监测、评估、调查，土壤污染防治管理改革创新，应对突发事件所需的土壤污染防治支出，及其他与土壤环境质量改善密切相关的支出
	农业农村部办公厅、国家乡村振兴局综合司印发《社会资本投资农业农村指引（2021 年)》	鼓励社会资本投资生态循环农业、农村人居环境整治、农业农村基础设施建设等

续表

时间	主要政策或标志性事件	意义或涉及内容
2022 年	财政部、农业农村部印发《农田建设补助资金管理办法》	农田建设补助资金应当用于包括土壤改良、农田防护与生态环境保持等在内的建设内容
	社会资本投资农业农村指引（2022年）	鼓励社会资本积极参与建设国家农业绿色发展先行区，支持参与绿色种养循环农业试点、畜禽粪污资源化利用、养殖池塘尾水治理、农业面源污染综合治理、秸秆综合利用、农膜农药包装物回收行动、病死畜禽无害化处理、废弃渔网具回收再利用，推进农业投入品减量增效，加大对收储运和处理体系等方面的投入力度。鼓励投资农村可再生能源开发利用，加大对农村能源综合建设投入力度，推广农村可再生能源利用技术，提升秸秆能源化、饲料化利用能力。支持研发应用减碳增汇型农业技术，探索建立碳汇产品价值实现机制，助力农业农村减排固碳。参与长江黄河等流域生态保护、东北黑土地保护、重金属污染耕地治理修复

第二节　现行农业农村环境保护投资机制与政策

在统筹推进"五位一体"总体布局、协调推进"四个全面"战略布局的背景要求下，我国农业农村环境保护投资管理体制机制更加顺畅，政策法规更加丰富，为规范和引领投资发展提供了重要保障。

一、管理体制

当前，我国农业农村环境保护投资主要实行的是投资、财政综合主管部门与农业农村、生态环境等相关行业主管部门分工负责、相互配合的管理体制，形成"中央—省（自治区、直辖市）—市—县—乡（镇）"五个层级的主体框架。

在中央政府层面，农业农村环境保护投资主体包括国家发展和改革委员会、财政部、农业农村部、生态环境部、住房和城乡建设部、自然资源部、水利部、国家乡村振兴局、国家林业和草原局、国家能源局等部门。其中，国家发展和改革委员会属于投资的综合主管部门，财政部属于财政预算的综合主管部门，而农业农村部、生态环境部、住房和城乡建设部、自然资源部、水利部、国家乡村振兴局、国家林业和草原局、国家能源局等属于行业管理部门。这些部门中设立了一些具体的主管司局，承担着相关具体的农业农村环境保护投资职能。具体如表4-5、表4-6和图4-1所示。

表4-5　　　中央层面农业农村环境保护投资机构（按行业或领域分）

行业或领域	主要内容	主要相关部门
种植业	农产品产地土壤环境监测、污染治理与修复	农业农村部、生态环境部、国家发展和改革委员会、财政部、自然资源部
	农田面源污染监测与防治	农业农村部、生态环境部、国家发展和改革委员会、财政部
	农田废弃物回收处理与综合利用	农业农村部、国家发展和改革委员会、财政部
	耕地保护与质量提升	农业农村部、自然资源部、国家发展和改革委员会、财政部
	农业节水与地下水超采治理	农业农村部、国家发展和改革委员会、财政部、水利部
	农业生产区空气环境监测	农业农村部、生态环境部、国家发展和改革委员会、财政部
	农业投入品减量使用	农业农村部、国家发展和改革委员会、财政部
	农田生态保护与建设	农业农村部、生态环境部、自然资源部、国家发展和改革委员会、财政部
畜禽养殖业	畜禽养殖污染监测与治理	农业农村部、生态环境部、国家发展和改革委员会、财政部
	畜禽粪污资源化利用	农业农村部、生态环境部、国家发展和改革委员会、财政部
	病死畜禽无害化处理	农业农村部、生态环境部、国家发展和改革委员会、财政部

行业或领域	主要内容	主要相关部门
水产养殖业（渔业）	水产养殖污染监测与治理	农业农村部、生态环境部、自然资源部、国家发展和改革委员会、财政部
	水生生物监测与保护	农业农村部、自然资源部、国家发展和改革委员会、财政部
农业湿地	农业湿地监测、生态保护与修复	国家林业和草原局、农业农村部、国家发展和改革委员会、财政部
草原	已垦草原治理	国家林业和草原局、农业农村部、国家发展和改革委员会、财政部
	退耕退牧还草	国家林业和草原局、农业农村部、国家发展和改革委员会、财政部
	草原生态保护与建设	国家林业和草原局、农业农村部、国家发展和改革委员会、财政部
农村人居环境	农村垃圾治理	住房和城乡建设部、农业农村部、国家乡村振兴局、生态环境部、国家发展和改革委员会、财政部
	农村污水治理	生态环境部、农业农村部、国家乡村振兴局、住房和城乡建设部、国家发展和改革委员会、财政部
	农村"厕所革命"	农业农村部、国家乡村振兴局、生态环境部、住房和城乡建设部、国家发展和改革委员会、财政部
	农村空气监测与污染防治	生态环境部、农业农村部、国家发展和改革委员会、财政部
	农村环境综合整治	农业农村部、生态环境部、国家乡村振兴局、住房和城乡建设部、国家发展和改革委员会、财政部
	农村可再生能源利用	农业农村部、国家能源局、国家发展和改革委员会、财政部
	村容村貌建设	农业农村部、生态环境部、国家乡村振兴局、住房和城乡建设部、国家发展和改革委员会、财政部

表 4 – 6　　　　　　中央层面农业农村环境保护投资机构（按部门分）

主要部门	主要司局	主要职责
农业农村部	计划财务司、发展规划司、科技教育司、种植业管理司、农田建设管理司、畜牧兽医局、渔业渔政局、农村社会事业司	负责种植业、畜禽养殖业、水产养殖业（渔业）、农业湿地、草原、农村人居环境（牵头）等农业农村环境保护，编制和审批相关农业农村环境保护行业或专项规划，审核相关农业农村环境保护投资项目，组织开展项目实施、监督管理等
国家发展和改革委员会	固定资产投资司、农村经济司、资源节约和环境保护司、基础设施发展司	安排中央基建投资，编制和审批发展规划、建设规划等，审核重大投资项目，组织农业农村基础设施建设、农业农村节能环保等
财政部	经济建设司、农业农村司、自然资源和生态环境司	安排中央财政资金，负责农村人居环境改善、美丽乡村建设、生态保护修复、污染防治、资源节约等财政拨款
生态环境部	土壤生态环境司	开展农村生态环境保护、农村环境综合整治、农业面源污染治理、农用地土壤污染防治等
住房和城乡建设部	村镇建设司	开展村庄人居环境改善
自然资源部	国土空间生态修复司	开展土地、海洋生态修复
水利部	农村水利水电司	开展农业节水、灌区和节水灌溉工程设施建设、农村水能资源开发利用、水土保持等
国家林业和草原局	生态保护修复司、草原管理司、湿地管理司、规划财务司	开展乡村绿化、草原生态修复治理与保护、湿地生态修复和保护等
国家乡村振兴局	开发指导司、规划财务司	开展农村人居环境整治等
国家能源局	新能源和可再生能源司	指导农村可再生能源、新能源等发展

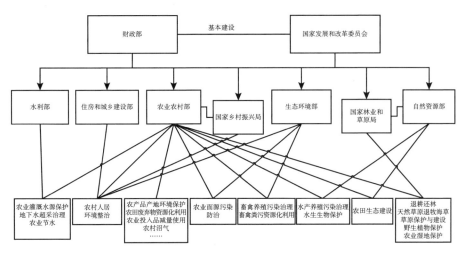

图 4-1 中央层面农业农村环境保护投资管理体制框架

二、运行机制

现行开展农业农村环境保护投资项目管理，主要依据和遵循《中央预算内直接投资项目管理办法》《中央预算内投资补助和贴息项目管理办法》《农业农村部中央预算内直接投资农业建设项目管理办法》《农业农村部中央预算内投资补助农业建设项目管理办法》《农业绿色发展中央预算内投资专项管理办法》《农村人居环境整治中央预算内投资专项管理暂行办法》等规定。本书以中央预算内直接投资农业建设项目为例，分析农业农村环境保护投资管理运行机制。

（一）项目决策

按照现行规定，中央预算内直接投资项目实行审批制，包括审批项目建议书、可行性研究报告、初步设计。情况特殊、影响重大的项目，需要审批开工报告。

（1）在投资依据上，强调规划先行和滚动储备。中央预算内直接投资农业农村环境保护项目决策以专项建设规划为重要依据。国家发展和改革委员会和农业农村部等中央有关部门，应当按照规定权限和程序，编制、批准专项建设规划。其中，在农业农村部系统内，各相关行业司局负责提出本行业领域的环境保护专项建设规划，经计划财务司统筹、论证、审议并报部领导或部党组会议、部常务会议审定后，报送国家发展和改革委员会，以农业农村部文件或会同国家发展和改革委员会等部门联合印发（重大专项建设规划按程序报国务院审批后印发）。同时，国家发展和改革委员会会同农业农村部等有关部门建立农业农村环境保护项目储备库；地方承担的农业农村环境保护项目，由地方各级农业农村等相关部门根据国家有关专项规划，做好项目储备并编制项目三年滚动投资计划，作为项目决策和年度计划安排的重要依据。

（2）在投资审批上，按照权限分级分类实施。申请安排中央预算内投资3000万元及以上的农业农村环境保护项目，以及需要跨地区、跨部门、跨领域统筹的有关农业农村环境保护项目，由国家发展和改革委员会审批或者由国家发展和改革委员会委托农业农村部等中央有关部门审批，其中特别重大项目由国家发展和改革委员会核报国务院批准；其余项目按照隶属关系，由农业农村部等中央有关部门审批后抄送国家发展和改革委员会。农业农村部派出机构及直属单位承担的农业农村环境保护项目，由农业农村部评估和审批。地方承担的农业农村环境保护项目，由省级农业农村部门等有关部门评估和审批，或由省级农业农村部门等有关部门授权省级以下农业农村部门等有关部门评估和审批。超出审批限额的项目，按程序报送国家发展和改革委员会评估和审批。按照规定权限和程序批准的项目，国家发展和改革委员会在编制年度计划时统筹安排中央预算内投资。

（3）在投资管理上，实行部门职责分工。国家发展和改革委员会安排中央财政性建设资金，按权限审核重大项目。农业农村部依据有关农业农村环境保护专项建设规划，编报直接投资有关农业农村环境保护项目投资计划，负责项目监督管理。其中，农业农村部计划财务司是农业农村部农业投资管理的牵头部门，负责直接投资农业建设项目统筹管理，包括组织编制农业投资规划、统筹协调安排项目资金、统筹下达项目投资计划和任务清单、统筹开展项目监督和绩效管理，组织制定相关项目资金管理办法等；农业农村部各相关行业司局和派出机构负责相关直接投资农业建设项目的行业监督管理，包括编制有关规划、提出投资项目安排建议、编制项目实施的总体绩效目标、组织项目实施并开展日常监督、绩效管理等。地方各级农业农村部门负责本辖区直接投资农业建设项目的规划布局、前期工作、审核储备、编报投资计划建议及绩效目标、组织实施、监督检查和绩效管理等。

（二）管理流程

中央预算内直接投资农业建设项目管理工作流程，一般包括投资计划申报、投资计划下达与执行、监督管理等阶段。

1. 投资计划申报

（1）项目申报信息发布。对于共同管理的项目，国家发展和改革委员会、农业农村部等中央有关部门起草并发布有关农业农村环境保护项目投资申报指南，明确投资方向、建设重点、投资规模等要求或事项。对于其他相关项目，农业农村部等中央有关部门统筹平衡后，统一发布项目申报通知。

（2）项目申报与审批。按照申报指南，中央和地方农业农村等有关部门根据国家有关农业农村环境保护专项建设规划，编制本行业、本地区农业农村环境保护项目建议书、可行性研究报告、初步设计等，按程序报送相关部门。按照项目审批权限，相关部门开展项目评估、审批。

（3）投资计划编制与报送。中央和地方农业农村等有关部门基于已审批项目，提出本行业、本地区年度农业农村环境保护项目投资需求及绩效目标，按照程序报送至农业农村部、国家发展和改革委员会，并按要求在全国投资项目在线审批监管平台、国家重大建设项目库和农业建设项目管理平台中填报和推送有关信息。

2. 投资计划下达与执行

（1）投资计划下达。国家发展和改革委员会对报送的农业农村环境保护投资计划及绩效目标进行审核平衡后，将年度投资计划及绩效目标同时下达农业农村部等中央有关部门和省级发展改革部门。

（2）投资计划分解。农业农村部等中央有关部门根据国家发展和改革委员会下达的年度农业农村环境保护投资计划，将项目任务清单、绩效目标等按要求分解下达到省级农业农村部门等有关部门，抄送省级发展改革部门，并报国家发展和改革委员会备案；对于安排的中央单位投资项目，农业农村部等中央有关部门根据投资计划和绩效目标直接分解下达至具体项目。省级发展改革部门联合省级农业农村等有关部门，根据国家发展和改革委员会下达的投资计划和农业农村部等中央有关部门下达的项目任务清单及绩效目标，将相关计划、任务、绩效目标分解下达，抄报国家发展和改革委员会、农业农村部等中央有关部门备案。

（3）投资计划调整。投资计划下达后不得随意调整。因个别项目不能按时开工建设或者建设规模、标准和内容发生较大变化等情况，导致不能完成既定建设目标，投资计划和项目任务清单确需调整的，按照"谁下达、谁调整"的原则办理调整事项。调整后项目仍在原专项内的，由省级调整，调整情况及时报国家发展和改革委员会、农业农村部等中央有关部门备案。调整到其他专项的，由省级发展改革部门、农业农村等相关部门联合将调整申请报送国家发展和改革委员会、农业农村部等中央有关部门，农业农村部等中央有关部门提出调整建议，报国家发展和改革委员会进行调整。安排中央单位投资项目，在原专项内进行调整的，由农业农村部等中央有关部门进行调整，调整结果报国家发展和改革委员会备案；跨专项调整的，由农业农村部等中央有关部门报国家发展和改革委员会进行审核调整。

3. 监督管理

中央预算内投资项目按照基本建设投资项目进行管理，项目实施应遵守招标投标、工程监理、合同管理、竣工验收、资金管理等有关法律规章，依法办理相关手续。

（1）在线监管。农业农村环境保护投资计划下达后，农业农村部等中央有关部门按照加强中央预算内投资监管和绩效目标考核的相关要求，依托投资在线平台（国家重大建设项目库）等加强项目事中事后监管和绩效目标考核，通过投资在线平台（国家重大建设项目库），将相关情况报送国家发展和改革委员会。

（2）督导检查。国家发展和改革委员会、农业农村部等中央有关部门适时对农业农村环境保护投资计划执行、项目执行情况进行检查督导。地方各级农业农村等有关部门负责本辖区农业农村环境保护投资项目日常监管，地方发展改革部门负责对本辖区的农业农村环境保护投资计划执行情况进行监督检查。

（3）绩效管理。各级农业农村等有关部门组织开展本辖区直接投资农业农村环境保护项目的绩效管理工作，加强项目执行过程中的绩效监控，强化绩效评价结果应用，建立激励约束机制，将绩效评价结果作为政策调整、项目安排和资金分配的重要依据，确保工程质量和资金的合理、安全使用。

三、法规政策

现行的农业农村环境保护投资法规政策，主要由法律法规、规范性文件、部门规章、相关规划等组成，是开展投资的重要依据，保障、规范和引领农业农村环境保护投资发展。

（一）法律法规

现行的农业农村环境保护投资法律法规，主要包括《中华人民共和国农业法》《中华人民共和国环境保护法》《中华人民共和国乡村振兴促进法》《中华人民共和国土壤污染防治法》《中华人民共和国草原法》《畜禽规模养殖污染防治条例》，以及地方制定的相关农业环境保护条例或办法等。此外，国务院出台的《政府投资条例》同样发挥着重要作用。农业农村环境保护投资主要相关法律法规，具体如表4-7所示。

表4-7 农业农村环境保护投资主要相关法律法规

类别	名称	时间	部门
法律	《中华人民共和国农业法》（修正）	2012年	全国人大常委会
	《中华人民共和国乡村振兴促进法》	2021年	全国人大常委会
	《中华人民共和国农产品质量安全法》（修正）	2018年	全国人大常委会
	《中华人民共和国环境保护法》（修订）	2014年	全国人大常委会
	《中华人民共和国土壤污染防治法》	2018年	全国人大常委会
	《中华人民共和国水环境污染防治法》（修正）	2017年	全国人大常委会
	《中华人民共和国大气环境污染防治法》（修正）	2018年	全国人大常委会
	《中华人民共和国森林法》（修订）	2019年	全国人大常委会
	《中华人民共和国草原法》（修正）	2013年	全国人大常委会
法规	《退耕还林条例》	2002年	国务院
	《土壤污染防治行动计划》	2016年	国务院
	《水污染防治行动计划》	2015年	国务院
	《畜禽规模养殖污染防治条例》	2014年	国务院
	《政府投资条例》	2019年	国务院
	20余个省（自治区、直辖市）农业环境保护条例或管理办法	—	省（自治区、直辖市）人大常委会

（二）党中央、国务院政策文件

党中央和国务院发布的相关中央一号文件、其他政策文件等，也是开展农业农村环境保护投资的重要遵循。党中央国务院发布的农业农村环境保护投资政策文件，具体如表4-8所示。

表 4 - 8   党中央国务院发布的农业农村环境保护投资政策文件

类别	名称	时间	部门
中央一号文件	《关于做好 2022 年全面推进乡村振兴重点工作的意见》	2022 年 1 月 4 日	中共中央、国务院
	《关于全面推进乡村振兴加快农业农村现代化的意见》	2021 年 1 月 4 日	中共中央、国务院
	《关于抓好"三农"领域重点工作确保如期实现全面小康的意见》	2020 年 1 月 2 日	中共中央、国务院
	《关于坚持农业农村优先发展做好"三农"工作的若干意见》	2019 年 1 月 3 日	中共中央、国务院
	《关于实施乡村振兴战略的意见》	2018 年 1 月 2 日	中共中央、国务院
	《关于深入推进农业供给侧结构性改革 加快培育农业农村发展新动能的若干意见》	2016 年 12 月 31 日	中共中央、国务院
	《关于落实发展新理念加快农业现代化 实现全面小康目标的若干意见》	2015 年 12 月 31 日	中共中央、国务院
	《关于加大改革创新力度加快农业现代化建设的若干意见》	2015 年 2 月 1 日	中共中央、国务院
	《关于全面深化农村改革加快推进农业现代化的若干意见》	2014 年 1 月 19 日	中共中央、国务院
	《关于加快发展现代农业 进一步增强农村发展活力的若干意见》	2012 年 12 月 31 日	中共中央、国务院
其他政策文件	《农村人居环境整治提升五年行动方案（2021—2025 年)》	2021 年 12 月	中共中央办公厅、国务院办公厅
	《关于推动城乡建设绿色发展的意见》	2021 年 10 月	中共中央办公厅、国务院办公厅
	《关于加快建立健全绿色低碳循环发展经济体系的指导意见》	2021 年 2 月 2 日	国务院
	《生态环境领域中央与地方财政事权和支出责任划分改革方案》	2020 年 5 月 31 日	国务院办公厅

类别	名称	时间	部门
其他政策文件	《关于构建现代环境治理体系的指导意见》	2020 年 3 月	中共中央办公厅、国务院办公厅
	《关于保持基础设施领域补短板力度的指导意见》	2018 年 10 月 11 日	国务院办公厅
	《关于全面加强生态环境保护　坚决打好污染防治攻坚战的意见》	2018 年 6 月 16 日	中共中央、国务院
	《关于创新农村基础设施投融资体制机制的指导意见》	2017 年 2 月 6 日	国务院办公厅
	《关于加快推进畜禽养殖废弃物资源化利用的意见》	2017 年 5 月 31 日	国务院办公厅
	《关于创新体制机制推进农业绿色发展的意见》	2017 年 9 月	中共中央办公厅、国务院办公厅
	《湿地保护修复制度方案》	2016 年 11 月 30 日	国务院办公厅
	《关于深化投融资体制改革的意见》	2016 年 7 月 5 日	中共中央、国务院

（三）部门规章与规范性文件

农业农村环境保护投资部门规章与规范性文件，在中央层面，主要是国务院相关组成部门制定出台的有关农业农村环境保护投资的政策文件，是开展和管理农业农村环境保护投资的重要依据，具体如表4-9所示。

表4-9　　　农业农村环境保护投资部门规章与规范性文件

类别	名称	时间	部门
部门规章	《农业绿色发展中央预算内投资专项管理办法》	2021 年 9 月 1 日	国家发展和改革委员会、农业农村部等 4 个部门
	《农村人居环境整治中央预算内投资专项管理暂行办法》	2019 年 12 月 31 日	国家发展和改革委员会、水利部、农业农村部等 6 个部门

续表

类别	名称	时间	部门
部门规章	《森林草原资源培育工程中央预算内投资专项管理办法》	2019 年 12 月 31 日	国家发展和改革委员会、水利部、农业农村部等 6 个部门
	《生态保护支撑体系项目中央预算内投资专项管理办法》	2019 年 12 月 31 日	国家发展和改革委员会、水利部、农业农村部等 6 个部门
	《重大水利工程中央预算内投资专项管理办法》	2019 年 12 月 31 日	国家发展和改革委员会、水利部、农业农村部等 6 个部门
	《重点区域生态保护和修复工程中央预算内投资专项管理办法》	2019 年 12 月 31 日	国家发展和改革委员会、水利部、农业农村部等 6 个部门
	《中央预算内投资资本金注入项目管理办法》	2021 年 6 月 19 日	国家发展和改革委员会
	《中央财政衔接推进乡村振兴补助资金管理办法》	2021 年 3 月 26 日	财政部、国家乡村振兴局、国家发展和改革委员会等 6 个部门
	《农村环境整治资金管理办法》	2021 年 6 月 1 日	财政部
	《土壤污染防治资金管理办法》	2021 年 6 月 2 日	财政部
	《农田建设补助资金管理办法》	2022 年 1 月 12 日	财政部、农业农村部
	《林业草原生态保护恢复资金管理办法》	2020 年 4 月 24 日	财政部、国家林业和草原局
	《农业农村部中央预算内直接投资农业建设项目管理办法》	2020 年 9 月 27 日	农业农村部
	《农业农村部中央预算内投资补助农业建设项目管理办法》	2020 年 9 月 27 日	农业农村部
规范性文件	《关于规范中央预算内投资资金安排方式及项目管理的通知》	2020 年 4 月 9 日	国家发展和改革委员会
	《关于开展农村"厕所革命"整村推进财政奖补工作的通知》	2019 年 4 月 3 日	财政部、农业农村部
	《关于扩大农业农村有效投资　加快补上"三农"领域突出短板的意见》	2020 年 7 月 9 日	中央农办、农业农村部、国家发展和改革委员会等 7 个部门

类别	名称	时间	部门
规范性文件	《关于推进农村生活污水治理的指导意见》	2019 年 7 月 8 日	中央农办、农业农村部、生态环境部、住房和城乡建设部等9 个部门
	《关于深入推进生态环境保护工作的意见》	2018 年 7 月 13 日	农业农村部
	《关于推进农业废弃物资源化利用试点的方案》	2016 年 8 月 11 日	农业部、国家发展和改革委员会等 6 个部门
	《社会资本投资农业农村指引（2021年)》	2021 年 4 月 22 日	农业农村部办公厅、国家乡村振兴局综合司
	《关于进一步加强农业投资管理的通知》	2019 年 5 月 28 日	农业农村部办公厅
	《关于生态环境领域进一步深化"放管服"改革，推动经济高质量发展的指导意见》	2018 年 8 月 30 日	生态环境部
	《关于推进环境污染第三方治理的实施意见》	2017 年 8 月 9 日	环境保护部
	《关于发展环保服务业的指导意见》	2013 年 1 月 17 日	环境保护部

（四）相关规划

农业农村环境保护投资相关规划，在中央层面，主要是党中央、国务院及其相关组成部门编制发布的国家国民经济和社会发展规划、国家级重点专项或区域规划等，是开展农业农村环境保护投资的重要依据。农业农村环境保护投资相关规划，具体如表 4 - 10 所示。

表 4 - 10 农业农村环境保护投资相关规划

名称	发布时间	发布机构
《中华人民共和国国民经济和社会发展第十四个五年规划和 2035 年远景目标纲要》	2021 年 3 月	国务院

名称	发布时间	发布机构
《"十四五"推进农业农村现代化规划》	2021 年 11 月 12 日	国务院
《"十四五"全国农业绿色发展规划》	2021 年 8 月 23 日	农业农村部、国家发展和改革委员会等 6 个部门
《"十四五"土壤、地下水和农村生态环境保护规划》	2021 年 12 月 29 日	生态环境部、国家发展和改革委员会等 7 个部门
《"十四五"重点流域农业面源污染综合治理建设规划》	2021 年 12 月	农业农村部、国家发展和改革委员会
《"十四五"重点流域水环境综合治理规划》	2021 年 12 月 31 日	国家发展和改革委员会
《全国高标准农田建设规划（2021—2030 年）》	2021 年 9 月 6 日	农业农村部
《"十四五"全国种植业发展规划》	2021 年 12 月 29 日	农业农村部
《"十四五"全国畜牧兽医行业发展规划》	2021 年 12 月 14 日	农业农村部
《"十四五"全国畜禽粪肥利用种养结合建设规划》	2021 年 12 月	农业农村部、国家发展和改革委员会
《"十四五"全国渔业发展规划》	2021 年 12 月 29 日	农业农村部
《"十四五"林业草原保护发展规划纲要》	2021 年 7 月	国家林业和草原局
《乡村振兴战略规划（2018—2022 年)》	2018 年 9 月	中共中央、国务院
《国家质量兴农战略规划（2018—2022 年）》	2019 年 2 月 11 日	农业农村部、国家发展和改革委员会等 7 个部门
《耕地草原河湖休养生息规划（2016—2030 年）》	2016 年 11 月 18 日	国家发展和改革委员会、财政部等 8 个部门
《全国农业可持续发展规划（2015—2030 年）》	2015 年 5 月 20 日	农业部、国家发展和改革委员会等 8 个部门

第三节　农业农村环境保护投资主要特征

纵观我国农业农村环境保护投资发展历程，突出表现为以下几个方面特征。

一、投资主体从单一向多元转变

长期以来，我国农业农村环境保护投资实行的是由政府主导推动的单一管理体制。政府始终发挥着主导性作用，提出工作理念思路、制定政策法规、审批下达投资、实施监督管理等，主导推动农业农村环境保护投资不断发展。20 世纪 90 年代以前，尤其改革开放以前，这种特征更为明显，农业农村环境保护投资表现为一种高度集中的集权决策型体制，决策权限高度集中在政府手中，投资规模、投资对象、投资管理等主要由政府控制，投资实施依靠指令性计划贯彻落实，而且主要在中央政府。20 世纪 90 年代以来，尤其 2004 年以来，农业农村环境保护投资发生明显变化，政府投资虽然继续发挥关键作用，但逐步退出竞争性、营利性领域，进而转向市场不能配置资源的公益性、基础性领域，且中央政府与地方政府开始分权、分责并不断细化；2010 年以来，鼓励引导民间投资环境保护等新兴产业，推动企业、社会组织、金融机构等其他投资主体进一步活跃并发挥重要作用。因此，从投资主体看，我国农业农村环境保护投资的演进，表现为单一主体向多元主体转变，即由政府、农村集体经济组织和农户等主体，逐渐向政府、农村集体经济组织和农户、企业、社会组织、金融机构、外资等多主体并存发展。

二、投资范围从局部向全面转变

20 世纪 70 年代，我国农业农村环境保护投资起步时，仅仅是围绕农村植树造林、农民户用沼气建设等开展投资，投资范围比较狭窄、投资对象单一具体。随着农业农村环境形势的变化、经济社会的发展和人们环境保护意识的增强，农业农村环境保护投资范围不断拓宽，投资对象逐渐丰富多样。尤其 1998 年以来，这种特征更为明显，从比较狭窄的农村植树造林、农民户用沼气建设、农业环境监测网络与科研机构建设、生态农业建设等，迅速拓展至退耕还林还草、草原保护、湿地保护、农业面源污染防治、农业废弃物资源化利用、农村生活垃圾治理、生活污水治理、农村"厕所革命"等多个方面。从领域看，覆盖农业生态保护、农业环境监测治理、农村人居环境整治等多个领域；从行业看，涉及种植业、畜禽养殖业、水产养殖业（渔业）、农村生活等多个行业；从区域看，由局部区域拓宽至全国范围，尤其重视脱贫地区、重点生态功能区等重点区域。因此，在投资范围与对象上，我国农业农村环境保护投资的演进，表现为从局部向全面转变，投资领域、行业、区域等全面拓宽。

三、投资渠道从单一向多源转变

20 世纪 70 年代以来，受经济社会发展水平、各类主体投资能力与意愿等因素影响，我国农业农村环境保护投资渠道呈现从单一向多源转变特征。改革开放以前，我国经济社会发展水平不高，政府财政收入有限，人们生活水平较低，导致农业农村环境保护投资发展缓慢，投资规模总量小，主要依靠政府、农村集体经济组织的有限投资，渠道比较单一。改革开放以来，我国经济社会快速发展，人们收入水平、消费能力和环境保护意识不断增强，有条件、有意愿投资农业农村环境保护，促使农业农村环境投资渠道多元化，形成政府投资、企业投资、金融机构投资、外资投资、农村集体经济组织和农户投资投劳多渠道并存的良好局面。在政府投资方面，资金主要包括政府财政投入、发行国债、专项基金、专项债券等渠道；在企业投资方面，资金主要包括企业自有资金、银行贷款、企业债券、股票市场融资等渠道；在金融机构投资方面，资金主要包括中国农业发展银行、国家开发银行、农村信用合作社等机构的各类贷款；在外资投资方面，资金主要包括国际农业发展基金、世界粮食计划署、联合国开发计划署、联合国粮农组织、世界银行、亚洲开发银行等合作资金或贷款；在农村集体经济组织和农户投资方面，主要包括投资、投劳等。

四、投资方式从简单向多样转变

我国农业农村环境保护投资方式不断变化、日益丰富，由最初的政府直接投资向当前的政府多种投资方式、政府与社会资本合作（PPP）模式、社会资本单独投资等多样化方式转变。1988 年以前，特别是改革开放以前，我国农业农村环境保护投资以政府直接投资、农村集体经济组织和农户投资投劳为主，投资方式比较简单。1988 年以后，尤其 2004 年以来，我国对农业基本建设投资按经营性和非经营性进行剥离，实施不同的政府投资方式，例如，对公益性、基础性等非经营性项目实行直接投资等方式，对经营性项目实行资本金注入、投资补助、贷款贴息等方式；大力推广政府与社会资本合作（PPP）模式，采取特许经营、购买服务、股权合作、公建民营、民办公助等方式开展农业农村环境保护投资；不断创新独资、合资、合作、联营、租赁等投资途径或方式，推动企业、外资等积极投资农业农村环境保护领域。同时，积极动员、鼓励农村集体经济组织、农户等农业农村生产经营和服务主体投资投劳，广泛深入参与农业农村环境保护建设与维护。

五、投资管理从传统向现代转变

改革开放以来，尤其是党的十八大以来，随着经济社会发展、投资体制变革，特别是全面依法治国、国家治理体系和治理能力现代化的深入实施，我国农业农村环境保护投资管理逐步从传统向现代转变。在管理手段上，由"集权"转向"分权"。前期，农业农村环境保护投资管理主要由中央政府控制，投资决策、项目审批、资金下达、验收监管等高度集权，主要依靠行政命令手段推进；后来，中央不断推动投资管理改革，强化"简政放权、放管结合、优化服务"，赋予地方政府更多管理权限与责任，同时探索运用经济、法治、第三方监管等多种手段，综合推动农业农村环境保护投资落实并有效发挥作用。在管理形式上，由"部门规章"转向"法律法规"。多年来，我国农业农村环境保护投资管理主要依据部门规章和规范性文件，如国家发展和改革委员会、财政部、农业农村部等相关部门印发的办法、意见、规定、通知、方案等；近年来，我国投资制度不断健全完善，逐步向法治化迈进，例如，《政府投资条例》等的颁布实施为农业农村环境保护投资开展提供了重要法治依据。在项目实施上，由"计划式"转向"市场化"。政府不再大包大揽农业农村环境保护投资建设项目，注重投资制度政策的制定与完善、投资行为的规范与监管，做好"守夜人"角色；使市场在资源配置中起决定性作用，鼓励引导社会资本投入农业农村环境保护项目，市场投资主体全权负责投资项目的设计、施工、监管及设备购置等。

第五章
我国农业农村环境保护投资状况评估

随着我国经济社会进步、农业农村发展与生态环境形势变化，2003 年以来，特别是党的十八大以来，我国农业农村环境保护投资快速发展，投资总量不断增加、投资范围不断扩大、投资结构不断优化，取得了显著的生态环境效益、社会和经济效益，为全面推进农业农村绿色发展、乡村振兴与生态文明建设，以及促进农业农村经济社会发展提供了坚实支撑。

第一节　中央政府投资情况

农业农村环境保护投资的基础性、公益性特点，决定了政府是其主要的投资主体。鉴于当前我国农业农村环境保护投资数据、资料的可获取性与难易程度，本书着重围绕中央政府农业农村环境保护投资状况开展评估与分析。

一、研究口径确定及数据来源说明

（一）研究口径的确定

本书分析使用的中央政府农业农村环境保护投资数据特指中央政府预算

内农业农村环境保护基本建设投资。主要出于以下考虑：

（1）社会农业农村环境保护投资数据缺乏。尽管社会资本、民间资本等是农业农村环境保护投资的重要力量，但目前我国农业农村环境保护投资统计制度与机制尚不完善，社会投资、民间投资的数据资料非常难以获取，影响研究的全面深入开展。

（2）地方政府农业农村环境保护投资数据短缺。地方政府是农业农村环境保护的主要责任主体和投资主体，其开展的农业农村环境保护投资也在不断增长，但详细的投资数据资料获取难度大，也影响研究工作开展。

（3）中央政府农业农村环境保护基本建设投资数据相对容易获取。广泛搜集梳理相关统计年鉴、行业发展报告、相关部门官方网站等，能够获取中央政府农业农村环境保护投资的相关数据，但以基本建设投资为主。

（二）数据及来源说明

从理论上讲，开展农业农村环境保护投资状况评估与分析，应基于上述第一章界定的农业农村环境保护投资内涵等入手。受数据来源或获取途径局限，此处分析的相关数据主要包括农业农村环境保护投资相关数据、农业农村经济发展相关数据等，时间范围为2003～2020年。具体数据构成如表5-1所示。

表5-1　　　　　　　　　本书研究获取的相关数据构成说明

数据类别	指标构成	时间
农业农村环境保护投资	农业环境突出问题治理、长江经济带农业面源污染治理、畜禽粪污资源化利用、废旧农膜回收利用、旱作节水农业示范基地建设、保护性耕作工程、重点农业生物资源保护工程、野生植物原生境保护点（区）建设、动植物保护能力提升工程、退耕还林还草工程、天然草原退牧还草工程、草原保护与建设、湿地保护和建设工程、农村沼气工程（含生物质能源开发利用）、农村人居环境整治	2003～2020年
农业农村经济发展相关	国内生产总值（GDP）、第一产业增加值、全国固定资产投资、第一产业固定资产投资、中央基本建设投资、中央农业基本建设投资、中央生态环保基本建设投资	2003～2020年

这些数据，主要从以下渠道或途径获得。

（1）统计年鉴：《中国统计年鉴（2021）》，以及《中国农业年鉴》（2003～2019年）、《中国环境统计年鉴》（2003～2020年）。

（2）行业报告：《中国农业发展报告》（2003～2016年），以及《农村基础设施建设发展报告》（2006～2013年）。

（3）网站数据：国家统计局网站、国家发展和改革委员会网站、财政部网站、农业农村部网站、生态环境部网站、中国人大网等。

二、中央农业基建投资与生态环保基建投资情况

农业农村环境保护投资与经济社会进步、第一产业发展等密切相关。2003年以来，我国第一产业发展迅速，发展质量和水平不断提升，为保障经济社会发展奠定了坚实基础。从总量看，增幅显著。2003年我国第一产业增加值为16970.2亿元，2020年达到77754.1亿元，比2003年增长了3.6倍[①]。从占国内生产总值（GDP）的比重看，呈下降趋势。2003年我国第一产业增加值占GDP比重为12.35%，2020年占GDP比重滑落至7.65%。第一产业增加值占GDP比重下降，与自身发展转型升级、第二产业和第三产业快速发展、我国经济高质量发展等诸多因素相关，并不意味着其在国民经济社会发展中的地位下降，相反随着世界经济增长疲软、粮食和能源危机加剧、新冠疫情持续影响、国内经济下行压力加大等形势发展，其"压舱石""蓄水池"作用更加凸显。具体如图5-1所示。

投资是经济增长的关键要素之一。2003年以来，农业建设投资、生态环保建设投资规模随着国家经济实力增长不断扩大，成为推动农业高质量发展、生态文明建设的有力支撑，也有力带动了农业农村环境保护投资发展。第一产业固定资产投资（不含农户），从2003年的518亿元，增加至2020年的

---

① 国家统计局. 中国统计年鉴（2021）［M］. 北京：中国统计出版社，2021.

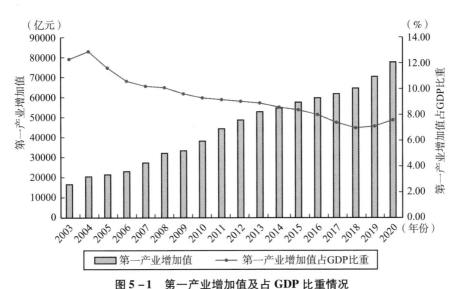

图 5－1　第一产业增加值及占 GDP 比重情况

资料来源:《中国统计年鉴（2021）》。

13302 亿元，增长了 24.68 倍，占全国固定资产投资（不含农户）的比重基本稳定在 2.2%～2.6%（如图 5－2 所示），近年来的年均增速普遍高于第二、第三产业固定资产投资（不含农户）增速（如图 5－3 所示）[①]。中央农业基本建设投资，从 2003 年的 52.1 亿元，增加至 2020 年的 299.6 亿元，增长了 4.75 倍，近年来占中央基本建设投资的比重稳定在 6% 左右（如图 5－4 所示）[②]。中央生态环保基本建设投资，近年来增速明显，从 2015 年的 166.36 亿元，增加至 2020 年的 442.47 亿元，增长了 1.66 倍，占中央基本建设投资的比重基本稳定在 7.5% 左右（如图 5－5 所示）[③]。

---

① 国家统计局. 中国统计年鉴（2021）［M］. 北京：中国统计出版社，2021.
② 根据《中国农业年鉴》（2003～2019 年）、《中国农业发展报告》（2003～2016 年），以及国家统计局网站、国家发展和改革委员会网站、财政部网站、农业农村部网站等相关渠道数据整理。
③ 根据《中国环境统计年鉴》（2003～2020 年），以及国家统计局网站、国家发展和改革委员会网站、财政部网站、生态环境部网站等相关渠道数据整理。

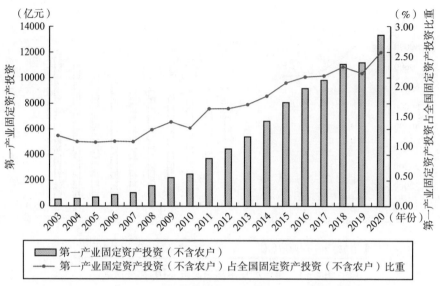

图 5-2　第一产业固定资产投资（不含农户）及占全国固定资产

投资（不含农户）比重情况

资料来源：《中国统计年鉴（2021）》。

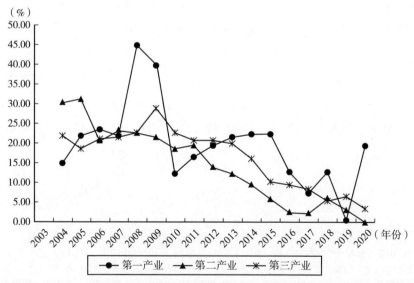

图 5-3　第一、第二、第三产业固定资产投资（不含农户）比上年增长比较

资料来源：《中国统计年鉴（2021）》。

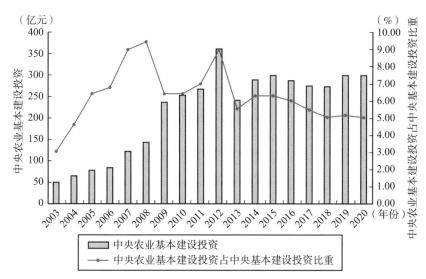

图5－4　中央农业基本建设投资及占中央基本建设投资比重情况

资料来源：《中国农业年鉴》（2003～2019年）、《中国农业发展报告》（2003～2016年），以及国家统计局网站、国家发展和改革委员会网站、财政部网站、农业农村部网站等。

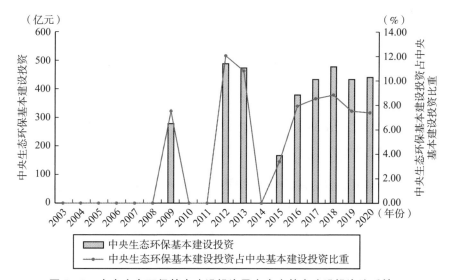

图5－5　中央生态环保基本建设投资及占中央基本建设投资比重情况

注：其中，2003～2008年、2010～2011年、2014年中央生态环保基建投资数据空缺。

资料来源：《中国环境统计年鉴》（2003～2020年），以及国家统计局网站、国家发展和改革委员会网站、财政部网站、生态环境部网站等。

三、中央农业农村环境保护投资总量分析①

在经济社会进步、农业高质量发展、生态文明建设的有力支撑和带动下，我国农业农村环境保护投资快速发展，投资总量呈增长态势。2003 年以来，我国中央政府农业农村环境保护投资额从 84.6 亿元，增长到 2020 年的 152.97 亿元，增长了近 1 倍。其中，2019 年投资总量最大，投资额达到 162.72 亿元。具体如图 5－6 所示。

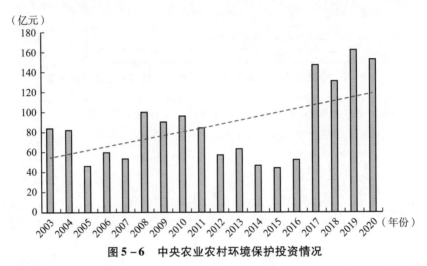

图 5－6　中央农业农村环境保护投资情况

资料来源：作者整理。

从规模变化看，投资总量呈现"减少—增长—减少—增长"的波浪式发展轨迹，但总体呈增长态势。2003 年，我国启动实施农村沼气工程（含生物质能源开发利用）、退牧还草工程、旱作节水农业示范基地等工程项目，推动中央农业农村环境保护投资额达到 84.6 亿元，较往年明显上涨。2008 年，中央农

① 本部分的相关数据根据《中国农业年鉴》（2003～2019 年）、《中国环境统计年鉴》（2003～2020 年）、《中国农业发展报告》（2003～2016 年）、《农村基础设施建设发展报告》（2006～2013 年），以及国家统计局网站、国家发展和改革委员会网站、财政部网站、农业农村部网站、生态环境部网站、中国人大网等相关渠道数据整理，统称为"作者整理"。下同。

业农村环境保护投资达到第一个高值点，完成投资额100.39亿元，主要与我国
为应对国际金融危机影响而实施的一揽子经济刺激计划有关，其中包括加快农
村基础设施建设、加强生态环境建设，例如，加大农村沼气、大型灌区节水改
造、加强重点防护林和天然林资源保护工程建设等，带动农业农村环境保护投
资额明显提升。2017年，中央农业农村环境保护投资总量再创新高，达到
146.99亿元，主要与农业农村部启动实施畜禽粪污资源化利用行动、果菜茶有
机肥替代化肥行动、东北地区秸秆处理行动、农膜回收行动和以长江为重点的
水生生物保护行动等农业绿色发展五大行动有关，例如，仅畜禽粪污资源化利
用项目当年中央基本建设投资就达到37亿元，带动农业农村环境保护投资总量
迅速攀升。2019年，中央农业农村环境保护投资总量达到最高点，主要与我国
启动实施农村人居环境整治工程建设有关。从5年周期性变化看，"十一五"
期间中央农业农村环境保护投资总量达到400.60亿元，"十二五"投资总量略
有回落为296.42亿元，"十三五"投资总量又迅速增长至646.78亿元。"十三
五"以来，在经济下行压力加大、财政吃紧、投资压缩的形势背景下，中央农
业农村环境保护投资年均达到129.36亿元，实属不易，具体如图5-7所示。

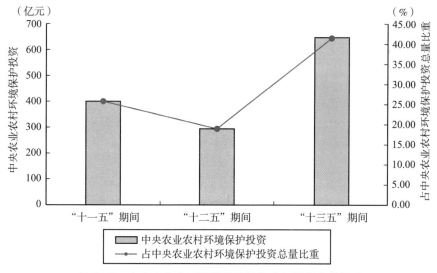

图5-7 中央农业农村环境保护投资5年周期变化情况

资料来源：作者整理。

从占比变化看，中央农业农村环境保护投资占中央农业基本建设投资、中央生态环保基本建设投资、中央基本建设投资、第一产业固定资产投资（不含农户）、全社会固定资产投资（不含农户）的比重，虽有波动但总体呈"下降—上升"趋势（如表5-2、图5-8、图5-9所示）。其中，占中央农业和生态环保基本建设投资比重，由于2003~2011年中央生态环保基建投资数据的空缺，导致占比数据分析意义不大；因此，考虑数据的相对完整性，从近年来的数据来看，中央农业农村环境保护投资占中央农业和生态环保基本建设投资的比重基本稳定，从2012年的6.73%，逐步提高到2020年的20.61%，在2019年达到22.24%，反映出2012年以来中央更加高度重视农业农村环境保护，不断扩大农业农村环境保护投资规模，在中央农业和生态环保基本建设投资总盘子相对稳定的情况下逐步加大农业农村环境保护支出比例。中央农业农村环境保护投资占中央基本建设投资、第一产业固定资产投资（不含农户）、全社会固定资产投资（不含农户）的比重，在2008年达到最高点，然后又下降到2015年的最低点，之后又开始逐渐反弹，2017年以来占比基本保持稳定，这也与其投资总量的变化趋势基本保持一致，也反映出在中央基本建设投资、第一产业固定资产投资（不含农户）和全社会固定资产投资（不含农户）规模不断增长的背景下农业农村环境保护投资的重要性日益凸显。

表5-2　中央农业农村环境保护投资占中央农业和生态环保基建投资比重

年份	占比（%）	说明
2003	162.38	
2004	124.06	
2005	58.75	中央生态环保基建投资数据空缺
2006	70.10	比重仅表示中央农业农村环境保护投资占中央农业基本建设投资情况
2007	43.90	
2008	70.48	
2009	17.60	—

续表

年份	占比（%）	说明
2010	38.17	中央生态环保基建投资数据空缺
2011	31.51	比重仅表示中央农业农村环境保护投资占中央农业基本建设投资情况
2012	6.73	—
2013	8.83	—
2014	16.29	中央生态环保基建投资数据空缺 比重仅表示中央农业农村环境保护投资占中央农业基本建设投资情况
2015	9.55	—
2016	7.95	—
2017	20.65	—
2018	17.42	—
2019	22.24	—
2020	20.61	—

资料来源：作者整理。

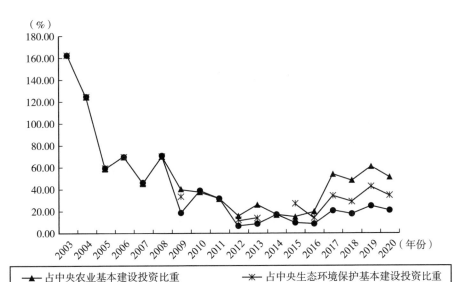

图5-8　中央农业农村环境保护投资占中央农业基建投资和生态环保基建投资比重情况

注：其中，2003~2008年、2010~2011年、2014年中央生态环保基建投资数据空缺。
资料来源：作者整理。

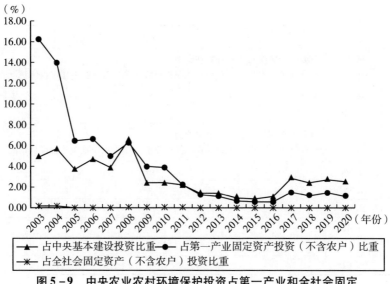

图5－9　中央农业农村环境保护投资占第一产业和全社会固定

资产投资（不含农户）比重情况

注：其中，第一产业固定资产投资（不含农户）2001～2002年数据空缺。

资料来源：作者整理。

四、中央农业农村环境保护投资结构分析

2003年以来，特别是党的十八大以来，我国扎实推进绿色发展、高质量发展，着力推动农业生产发展转型升级、深入实施生态文明建设，把转方式、调结构作为投资安排的"指挥棒"，不断扩大农业农村环境保护投资范围、优化投资结构。

从单项数量看，中央农业农村环境保护投资单项不断增加。2003年以来，中央农业农村环境保护投资单项从退耕还林还草工程、天然草原退牧还草工程、草原保护与建设、农业湿地保护和建设工程、农村沼气工程（含生物质能源开发利用）、旱作节水农业示范基地建设等个别单项工程或项目，逐渐发展到目前的畜禽粪污资源化利用、长江经济带农业面源污染治理、废旧农膜回收利用、农村人居环境整治等10余个单项工程或项目，投资单项不断增加、种类更加丰富，投资规模不断增长。具体如表5－3所示。

表 5-3 2003～2020 年部分中央农业农村环境保护投资单项实施情况

项目	2003	2004	2005	2006	2007	2008	2009	2010	2011	2012	2013	2014	2015	2016	2017	2018	2019	2020
农业环境突出问题治理	×	×	×	×	×	×	×	×	×	×	×	×	√	√	√	√	×	×
长江经济带农业面源污染治理	×	×	×	×	×	×	×	×	×	×	×	×	×	×	×	√	√	√
畜禽粪污资源化利用	×	×	×	×	×	×	×	×	×	×	×	×	√	×	√	√	√	√
废旧农膜回收利用	×	√	—	√	√	√	√	√	√	√	√	√	√	—	—	—	—	—
旱作节水农业示范基地建设	√	√	—	√	√	√	√	√	√	√	√	√	—	—	—	—	—	—
保护性耕作工程	—	×	—	—	—	—	—	—	√	√	√	—	—	—	—	—	—	—
重点农业生物资源保护工程	×	×	√	√	√	√	√	√	√	√	√	√	×	×	×	×	×	×
野生植物原生境保护点（区）建设	—	—	—	√	—	—	—	—	—	—	—	—	—	—	—	—	—	—
动植物保护能力提升工程	—	—	—	—	—	—	—	—	√	√	√	—	—	—	√	√	√	—
退耕还林还草工程	√	√	—	√	√	√	√	√	√	√	√	√	√	√	√	√	√	√
天然草原退牧还草工程	√	√	√	√	√	√	√	√	√	√	√	√	√	√	√	√	√	√
草原保护与建设	—	—	√	√	√	√	√	√	√	√	√	√	√	√	√	√	√	√
农业湿地保护和建设工程	—	—	—	√	√	√	√	√	√	√	√	√	√	—	—	—	—	—
农村沼气工程（含生物质能源开发利用）	√	√	√	√	√	√	√	√	√	√	√	√	√	√	√	√	√	×
农村人居环境整治	×	×	×	×	×	×	×	×	×	×	×	×	×	×	×	×	√	√

注：“×”代表该单项未安排中央预算内投资；“√”代表该单项中央预算内投资数据可获取；“—”代表该单项中央预算内投资数据不可获取。

从范围内容看,中央农业农村环境保护投资结构不断优化。2003年以来,中央农业农村环境保护投资内容从退耕还林还草、退牧还草、草原保护与建设、农业湿地保护和建设等侧重于农业资源保护与生态建设为主,逐渐扩展至农业环境突出问题治理、农业面源污染治理、畜禽粪污资源化利用、农村人居环境治理等方面,实现农业农村资源、生态与环境保护的一体化推进。在管理上,根据形势变化与实际需求,不断整合优化投资项目,着力解决"散小乱"问题。例如,实施农业环境突出问题治理专项,包括典型流域农业面源污染综合治理、农牧交错带已垦草原治理、东北黑土地保护等内容;实施农村人居环境整治专项,包括农村生活垃圾、生活污水治理和村容村貌提升等任务;设立农业可持续发展专项,包括畜禽粪污资源化利用整县推进、长江经济带农业面源污染治理等建设项目,2021年优化调整为农业绿色发展专项,同时增加黄河流域农业面源污染治理、长江生物多样性保护工程等项目。

从单项规模看,中央农业农村环境保护投资结构层次分明。2003年以来,农村沼气工程(含生物质能源开发利用)、退耕还林还草工程、天然草原退牧还草工程等单项工程或项目,持续实施时间长、投资规模和投资占比较大,其次是畜禽粪污资源化利用、草原保护与建设、农村人居环境整治、农业环境突出问题治理等。例如,2003年以来,农村沼气工程(含生物质能源开发利用)中央预算内投资额累计达到430.55亿元,占中央农业农村环境保护投资总量的27.63%;退耕还林还草工程中央预算内投资规模合计达到362.92亿元,占中央农业农村环境保护投资总量的比重为23.29%;天然草原退牧还草工程中央预算内投资累计达到335.68亿元,占中央农业农村环境保护投资总量的21.54%(如表5-4所示)。另外,生态环境部参与分配农村环境整治资金,其中2019年达到42亿元。

表5-4 2003~2020年中央农业农村环境保护投资结构

项目	投资额 (亿元)	占中央农业农村环境保护投资比重 (%)
农业环境突出问题治理	32.55	2.09
长江经济带农业面源污染治理	29.40	1.89

续表

项目	投资额 （亿元）	占中央农业农村环境保护投资比重 （％）
畜禽粪污资源化利用	159.05	10.21
废旧农膜回收利用	1.60	0.10
旱作节水农业示范基地建设	24.66	1.58
保护性耕作工程	12.00	0.77
重点农业生物资源保护工程	3.75	0.24
野生植物原生境保护点（区）建设	0.32	0.02
动植物保护能力提升工程	12.86	0.83
退耕还林还草工程	362.92	23.29
天然草原退牧还草工程	335.68	21.54
草原保护与建设	89.51	5.74
农业湿地保护和建设工程	3.87	0.25
农村沼气工程（含生物质能源开发利用）	430.55	27.63
农村人居环境整治	59.36	3.81

资料来源：作者整理。

（一）农业环境突出问题治理投资

2014 年，中共中央印发《关于全面深化农村改革加快推进农业现代化的若干意见》，强调抓紧编制农业环境突出问题治理总体规划。2015 年 1 月，国家发展和改革委员会等七部门联合印发《农业环境突出问题治理总体规划（2014—2018 年）》，提出实施耕地重金属污染治理、农业面源污染综合治理、地表水过度开发和地下水超采综合治理、新一轮退耕还林还草、退耕还湿、农牧交错带已垦草原治理、东北黑土地保护等七项工程，通过试点探索，总结出成功治理范例和适用模式，初步解决或缓解现存的问题，为在全国范围内实施农业环境问题治理奠定基础。2015 年，开始投资建设，中央预算内投资额为 530 万元。2016 年，国家发展和改革委员会会同农业部启动实施"农业环境突出问题治理专项",中央预算内投资规模迅速增长至10.5亿元,占当年中央农业农村环境保护投资总量的19.81%。2017年,投资额略有增加,达到11亿元,占当年中央农业农村环境保护投资总量的7.48%。2018年,中央预算内投资额与2017年持平,占当年中央农业农村环境保护投资总量的8.39%。具体如图5-10所示。

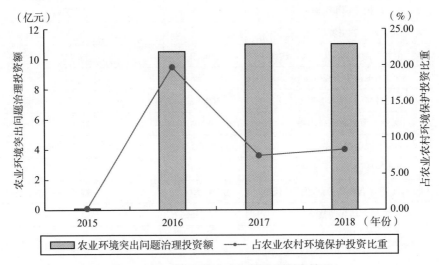

图5-10 农业环境突出问题治理投资情况

资料来源:作者整理。

(二) 农业绿色发展投资

2019年,国家发展和改革委员会等六部门联合印发《农业可持续发展中央预算内投资专项管理暂行办法》,中央预算内投资支持的建设内容包括畜禽粪污资源化利用整县推进、长江经济带农业面源污染治理等建设项目。随着形势发展,为加强和规范中央预算内投资管理,发挥中央预算内投资效益,2021年,国家发展和改革委员会等四部门联合印发《农业绿色发展中央预算内投资专项管理办法》,以此取代《农业可持续发展中央预算内投资专项管理暂行办法》,内容包括畜禽粪污资源化利用整县推进、长江经济带和黄河流域农业面源污染治理、长江生物多样性保护工程等项目。

（1）长江经济带农业面源污染治理投资。2016年，中共中央、国务院印发《长江经济带发展规划纲要》，把保护和修复长江生态环境摆在首要位置，明确了2020年和2030年长江经济带生态文明建设目标要求。2018年，国家发展和改革委员会、生态环境部、农业农村部、住房城乡建设部、水利部等五部门联合印发《关于加快推进长江经济带农业面源污染治理的指导意见》，提出实施综合防控农业面源污染、严格控制畜禽养殖污染、加快农村人居环境整治等重点任务。2018年，开始投资建设，中央预算内投资额为7.4亿元，占中央农业农村环境保护投资总量的5.64%。2019年和2020年，中央预算内投资规模略有增加，均达到11亿元，占中央农业农村环境保护投资总量的比重分别为6.76%和7.19%。具体如图5-11所示。

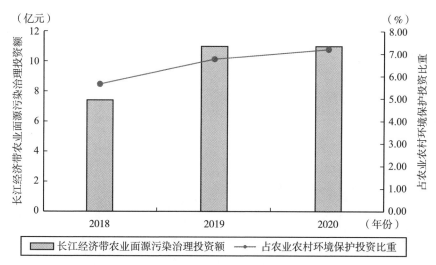

图5-11 长江经济带农业面源污染治理投资情况

资料来源：作者整理。

（2）畜禽粪污资源化利用投资。2014年，中央财政安排1.8亿元资金启动畜禽粪污等农业农村废弃物综合利用试点，支持采用"废物处理+清洁能源+有机肥料"三位一体的技术模式对畜禽粪污、农作物秸秆等农业农村废弃物进行资源化利用，积极探索既促进有机肥和生物燃料生产与应用，又能有效改善生态环境的农业可持续发展道路。2017 年 5 月，国务院办公厅印发《关于加快推进畜禽养殖废弃物资源化利用的意见》，指出以畜牧大县和规模养殖场为重点，以农用有机肥和农村能源为主要利用方向，健全制度体系，强化责任落实，完善扶持政策，严格执法监管，加强科技支撑，强化装备保障，全面推进畜禽养殖废弃物资源化利用；7 月，原农业部印发《畜禽粪污资源化利用行动方案（2017—2020 年）》，进一步细化落实畜禽粪污资源化利用，提出开展畜牧业绿色发展示范县创建活动，以畜禽养殖废弃物减量化产生、无害化处理、资源化利用为重点，"十三五"期间创建 200 个示范县，整县推进畜禽养殖废弃物综合利用，鼓励引导规模养殖场建设必要的粪污处理利用配套设施，对现有基础设施和装备进行改造升级。2017 年，开始投资建设，中央预算内投资额为 37 亿元，占中央农业农村环境保护投资总量的25.17%。2018 年和 2019 年，中央预算内投资规模基本保持稳定，分别占中央农业农村环境保护投资总量的27.80%和24.48%。2020 年，中央预算内投资规模略有增加，达到 45.77 亿元，占中央农业农村环境保护投资的29.92%。具体如图 5 –12 所示。

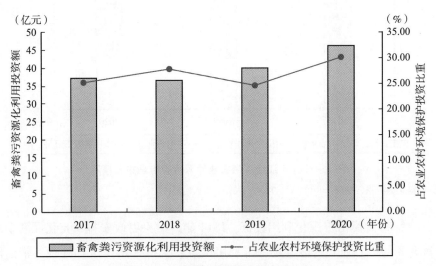

图 5 –12　畜禽粪污资源化利用投资情况

资料来源：作者整理。

（三）退耕还林还草工程投资

1998 年长江、松花江、嫩江流域发生洪涝灾害后，党中央、国务院把"封山植树，退耕还林"作为灾后重建的主要措施之一。1999 年，在四川、陕西、甘肃三个省份率先开展退耕还林试点，拉开我国退耕还林还草工程建设的序幕。2002 年，在全国范围内全面启动退耕还林还草工程。我国退耕还林还草的实践，分为 1999 年起实施的前一轮退耕还林还草和 2014 年起实施的新一轮退耕还林还草。2003 年以来，退耕还林还草工程建设中央预算内投资达到 362.92 亿元，占中央农业农村环境保护投资总量的 23.29%，是中央农业农村环境保护投资中持续时间长、投资规模大、投资占比高的单项工程。2003 年，中央投资达到 54 亿元，主要是国债资金支持，占中央农业农村环境保护投资的比重达到 63.83%；2006～2013 年，中央预算内投资基本保持稳定；2017 年，投资规模又开始明显增加，并达到高点 52.56 亿元，占中央农业农村环境保护投资的 35.76%，之后稳中略降。具体如图 5-13 所示。

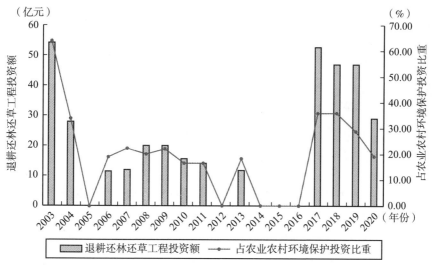

图 5-13　退耕还林还草工程投资情况

注：其中，2005 年、2012 年、2014～2016 年数据空缺。

资料来源：作者整理。

（四）天然草原退牧还草工程投资

2003 年，国家启动退牧还草工程，通过建设草场围栏、实施禁牧休牧、严重退化草原补播等措施，进行退化草原治理。2003～2020 年，天然草原退牧还草工程中央预算内投资累计达到 335.68 亿元，占中央农业农村环境保护投资总量的 21.54%，也是实施时间长、投资规模大、投资占比高的一项工程。除 2004 年和 2005 年等个别年份外，投资规模基本保持稳定，尤其 2010 年以来，每年投资稳定在 20 亿元。具体如图 5–14 所示。

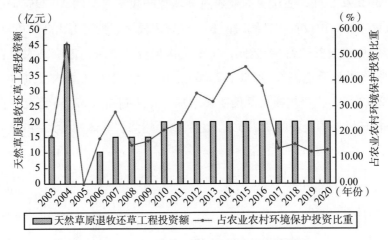

图 5–14 天然草原退牧还草工程投资情况

资料来源：作者整理。

（五）农业湿地保护和建设工程投资

我国加入《湿地公约》30 多年来，湿地保护经历了摸清家底和夯实基础（1992～2003 年）、抢救性保护（2004～2015 年）、全面保护（2016～2021 年）三个阶段①。2003 年，国务院批准发布《全国湿地保护工程规划

---

① 国家林业和草原局 2022 年第一季度发布会 [EB/OL]. 国家林业和草原局网站，http://www.forestry.gov.cn/main/5904/20220111/085830233170896. html，2022–01–11.

（2002—2030）》。2019年，国家发展和改革委员会、水利部、农业农村部、应急管理部、海关总署、国家林业和草原局等六个部门联合印发《生态保护支撑体系项目中央预算内投资专项管理办法》，中央预算内投资支持包括湿地保护和恢复等在内的项目建设内容。虽然，2003年以来，农业湿地保护和建设中央预算内投资规模较小、占中央农业农村环境保护投资比重不高，但工程实施意义重大、成效显著。具体如图5-15所示。

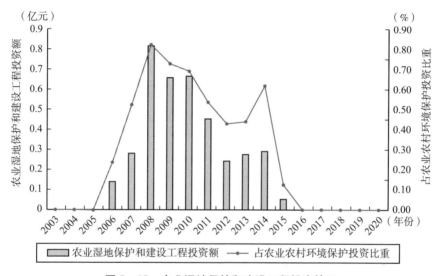

图5-15 农业湿地保护和建设工程投资情况

注：其中，2003~2005年、2016~2020年数据空缺。
资料来源：作者整理。

（六）农村沼气工程（含生物质能源开发利用）投资

从历史上看，农村沼气建设大致经历了三个发展阶段：一是20世纪70年代及以前的试验和起步阶段；二是20世纪90年代的技术突破和工艺完善阶段；三是21世纪以后的快速发展阶段（国家发展和改革委员会，2013）。自2003年起，国家在基本建设投资中加大了对沼气的支持力度，启动农村沼气国债建设项目。2004年以来，历年中央一号文件均明确提出实施农村沼气

工程。2006 年，农业部制定《全国农村沼气工程建设规划（2006—2010
年)》，提出开展农村户用沼气、规模化养殖场大中型沼气工程、技术支撑及
服务体系建设等内容。2017 年，国家发展和改革委员会、农业部联合印发
《全国农村沼气发展"十三五"规划》，提出实施规模化生物天然气工程、规
模化大型沼气工程、户用沼气和中小型沼气工程、支撑服务能力建设工程等
重大工程。2003 年以来，农村沼气工程（含生物质能源开发利用）中央预算
内投资额累计达到 430.55 亿元，占中央农业农村环境保护投资总量的
27.63%，是目前中央农业农村环境保护投资中投资规模最大、投资占比最
高、持续时间较长的单项工程。从变化趋势看，农村沼气工程（含生物质能
源开发利用）中央预算内投资规模呈先增长后下降态势，其中在 2008 年达到
高点为 60.18 亿元、占中央农业农村环境保护投资比重达到 59.94%，2018
年投资额降到 2.9983 亿元、占中央农业农村环境保护投资的 2.29%。具体
如图 5 - 16 所示。

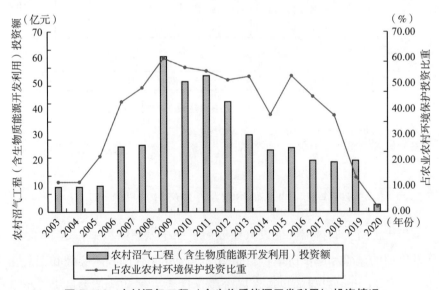

图5-16 农村沼气工程（含生物质能源开发利用）投资情况

资料来源：作者整理。

（七）农村人居环境整治投资

党的十九大报告提出开展农村人居环境整治行动。2018 年 2 月，中共中央办公厅、国务院办公厅印发《农村人居环境整治三年行动方案》，提出推进农村生活垃圾治理、开展厕所粪污治理、梯次推进农村生活污水治理、提升村容村貌等重点任务。2019 年，国家发展和改革委员会、水利部、农业农村部、应急管理部、海关总署、国家林业和草原局等六个部门联合印发《农村人居环境整治中央预算内投资专项管理暂行办法》，中央预算内投资支持推进农村生活垃圾、生活污水治理和村容村貌提升等重点任务。2019 年，开始中央预算内投资，投资额 29.6 亿元，占中央农业农村环境保护投资总量比重为 18.19%；2020 年，中央预算内投资达到 29.76 亿元，占中央农业农村环境保护投资总量的 19.45%。

第二节　主要投资效益

如上分析，与一般投资所重点追求的经济效益不同，农业农村环境保护投资追求的是综合效益，尤其侧重于生态环境效益，当然也包括社会效益和经济效益。这些投资效益却难以用货币直接计量，即显性的、直接的经济效益或许并不突出，而主要表现为隐性的、间接的生态环境效益与社会效益。多年来，在中央政府农业农村环境保护投资引领与带动下，地方政府、社会资本、农业农村生产经营和服务主体等积极投资参与农业农村环境保护，推动全国农业农村环境保护投资取得显著生态环境与社会经济效益。

一、生态环境效益

保护和改善农业农村生态环境，是开展农业农村环境保护投资的根本目标。多年来，我国坚持把农业农村环境保护摆在突出位置，不断完善政策、扩大投资，推动农业农村环境质量明显改善，农业农村发展实现绿色转型。

（一）农业资源得到有效保护

1. 耕地质量稳步提升

多年来，我国持续实施保护性耕作工程，深入推进耕地质量保护与提升行动，大力实施东北黑土地保护性耕作行动计划，稳步推进耕地轮作休耕制度试点，强化南方重金属污染区耕地土壤污染管控与修复，持续开展退化耕地治理，有效降低了耕地利用强度，不断提升耕地质量。

（1）在保护性耕作方面，2002～2008 年，建设了 173 个国家级示范县、328 个省级示范县，保护性耕作实施面积达到 3062 万亩，免耕播种面积约 1亿亩，带动机械化秸秆还田 3 亿亩（张宝文，2008）；2010～2012 年，在 283个县建设了保护性耕作工程区，通过购置多功能免耕播种机、深松机（犁）、机载式植保机等专用机具，以及平整土地、修建机耕道等工程建设（国家发展和改革委员会，2013），进一步促进了耕地的有效保护。

（2）在耕地轮作休耕方面，实施面积由 2016 年的 616 万亩扩大到 2020年的 4716 万亩，初步形成了轮作为主、休耕为辅，实现种地养地相结合、生产生态相协调。

（3）在退化耕地治理方面，2020 年选择江苏等 13 个省（区、市）耕地酸化问题突出的重点县（市、区）开展综合治理试验示范 200 万亩，选择河北等 8 个省（区）开展轻、中度盐碱耕地综合治理试验示范 80 万亩。在一系列工程项目建设、技术模式推广下，2019 年全国耕地质量平均等级达到4.76，较 2014 年提升 0.35 个等级。其中，评价为一等至三等的耕地面积为6.32 亿亩，占耕地总面积的 31.24%，面积占比较 2014 年提升 3.94 个百分点；评价为四等至六等的耕地面积为 9.47 亿亩，占耕地总面积的 46.81%，面积占比较 2014 年提升 2.01 个百分点；评价为七等至十等的耕地面积为4.44 亿亩，占耕地总面积的 21.95%，面积占比较 2014 年下降 5.95 个百分点（农业农村部，2020）。

2. 农业节水成效明显

2003 年以来，我国通过实施旱作农业示范基地建设、大中型灌区续建配套与节水改造等工程项目，大力发展节水灌溉，加快推进农业节水，不断提高农业用水效率和效益。

（1）在旱作农业示范基地建设方面，2008～2012 年，国家发展和改革委员会安排中央投资支持北方地区建设旱作农业示范基地，兴建集雨窖等旱作节水农业基础设施，提高农田基础地力和抗旱节水能力，先后建设了 524 个旱作农业示范基地，项目区的农田蓄水保水能力明显增强，降水利用率平均提高 8～10 个百分点，水分利用效率平均提高 0.15 千克/毫米·亩（国家发展和改革委员会，2013）；2019 年，在河北、山西、陕西、青海、宁夏 5 个省（区）建立 220 个旱作农业示范区，示范推广水肥一体化 30.6 万亩、抗旱抗逆 144.5 万亩、生物全降解地膜 20 万亩，修建新型软体集雨窖（池）10.5 万立方米。

（2）在大中型灌区续建配套与节水改造方面，"十一五"期间，对全国 434 处大型灌区进行续建配套与节水改造，主要开展渠首工程、渠系建筑物、骨干灌溉排水工程等骨干工程建设，以及灌区信息化、灌溉试验站、灌区量测水设施等管理支撑系统建设（国家发展和改革委员会，2013）；"十三五"期间，累计改造加固渠首 134 处，新建改造渠道 2.58 万千米，配套改造渠系建筑物 10 万余处，新增年节水能力 2600 亿立方米（中国农业绿色发展研究会，2022）。在旱作农业示范基地、大中型灌区续建配套与节水改造等工程项目及相关技术模式的有力支撑下，截至 2022 年，全国农田有效灌溉面积达到 10.37 亿亩，农田灌溉水有效利用系数达到 0.568，比 2019 年提高了 0.009，比 2012 年提高了 0.052[1]。

3. 农业生物资源有效保护

2001 年以来，我国大力实施野生植物原生境保护点（区）建设、重点农业生物资源保护工程、水生野生动物保护能力提升、现代种业提升等活动，

---

[1] 中共中央宣传部举行党的十八大以来水利发展成就新闻发布会 [EB/OL]. 国务院新闻办公室，http：//www.scio.gov.cn/xwfbh/xwbfbh/wqfbh/47673/49098/index.htm，2022－09－13.

不断加大支持力度，推动农业生物资源得到有效保护。

（1）在农业野生植物资源保护方面，2011～2014年，中央不断扩大年度投资，推动项目区珍稀濒危的农业野生植物得到有效保护，农业野生植物资源的多样性得到保持，促进了农业生物资源的可持续利用；2020年，推动将480余种农业野生植物纳入《国家重点保护野生植物名录》，开展野生稻、野生大豆、小麦野生近缘植物等20余种国家重点保护农业野生植物资源调查，新建3处农业野生植物原生境保护区，推进水花生、豚草等20余种重大危害入侵物种常规调查，继续开展南方20处水域水生入侵植物遥感监测（中国农业绿色发展研究会，2022）。

（2）在水生野生动物保护能力提升方面，2018年针对长江江豚、中华鲟、中华白海豚、斑海豹等保护旗舰物种，分别出台了7个专门的保护和拯救行动计划，累计创建国家级水产种质资源保护区535个[①]；2020年，将国家重点保护水生野生动物物种数量由48种（类）大幅提高至302种（类）（中国农业绿色发展研究会，2022）。

（3）在现代种业提升方面，"十三五"期间支持新建西南区农作物种质资源繁殖更新基地圃和云南国家高原野生稻种质资源圃，改扩建甘蔗、大叶茶树国家资源圃2个。目前，已在全国建成了国家作物种质资源长期库（北京）及复份库（西宁）各1座、中期库10座、种质资源圃43个、农业野生植物原生境保护点（区）214个，长期保存农作物种质资源52万份，其中传统作物和农家品种占60%以上[②]；确定国家畜禽遗传资源基因库10个、保护区24个、保种场183个，基本形成较为完善的国家级畜禽遗传资源保护体系[③④]。

---

① 农业现代化辉煌五年系列宣传之四：渔业高质量发展取得实效［EB/OL］. 农业农村部网站，http：//www.jhs.moa.gov.cn/ghgl/202105/t20210512_6367567.htm，2021－05－12.

② 对十三届全国人大五次会议第4886号建议的答复［EB/OL］. 农业农村部网站，http：//www.moa.gov.cn/govpublic/nybzzj1/202207/t20220713_6404625.htm，2022－07－11.

③ 中华人民共和国农业农村部公告第453号［EB/OL］. 农业农村部网站，http：//www.moa.gov.cn/nybgb/2021/202112/202112/t20211231_6386155.htm，2021－12－31.

④ 中华人民共和国农业农村部公告第631号［EB/OL］. 农业农村部网站，http：//www.moa.gov.cn/govpublic/nybzzj1/202301/t20230105_6418354.htm，2022－12－26.

（二）农业种植环境不断净化

1. 农产品产地环境持续改善

多年来，我国持续深入实施重金属污染区耕地土壤污染管控与修复、退化耕地治理等农产品产地污染治理修复相关工程项目，不断净化产地环境，提升产地环境质量。2014 年，环境保护部、国土资源部联合发布《全国土壤污染状况调查公报》，对 2005～2013 年开展的全国土壤污染状况调查结果进行总结，全国耕地土壤环境质量堪忧，耕地土壤点位超标率为 19.4%，其中轻微、轻度、中度和重度污染点位比例分别为 13.7%、2.8%、1.8% 和 1.1%，主要污染物为镉、镍、铜、砷、汞、铅、滴滴涕和多环芳烃。2015 年，国土资源部发布《中国耕地地球化学调查报告》，对 1999～2014 年开展的全国土地多目标地球化学调查结果进行总结，表明无重金属污染耕地 12.72 亿亩，占调查耕地总面积的 91.8%；重金属中重度污染或超标的点位比例占 2.5%，覆盖面积 3488 万亩；轻微－轻度污染或超标的点位比例占 5.7%，覆盖面积 7899 万亩。2018 年，农业农村部会同生态环境部依托农产品产地土壤环境监测点（国控监测点），继续开展农产品产地土壤环境监测，结果显示我国农产品产地土壤铬含量基本为绿色点位（≤标准值），但西南地区存在部分较为集中的高值监测点；所有监测点铅、砷、汞含量基本为绿色点位（≤标准值），但西南和华南地区存在部分较为集中的高值监测点；所有监测点铜含量基本为绿色点位（≤标准值），但西南地区和东部地区存在部分较为集中的高值监测点；所有监测点锌、镍含量基本为绿色点位（≤标准值），但西南地区存在部分较为集中的高值监测点（农业农村部农业生态与资源保护总站，2019）。

2. 农业面源污染（种植业）得到有效遏制

多年来，我国通过实施化肥农药减施、秸秆综合利用、农膜回收利用、农业面源污染综合治理等措施，尤其是在太湖、洱海、巢湖、三峡库区、长江经济带、黄河流域等重点流域建设了一批农业面源污染综合治理示范区，推动农业面源污染得到有效治理。《第二次全国污染源普查公报》显示，农业源化学需氧量（COD）排放量为 1067.13 万吨、氨氮（NH_3-N）21.62 万吨、总氮（TN）141.49 万吨、总磷（TP）21.20 万吨。其中，种植业氨氮（NH_3-N）排放量 8.30 万吨、总氮（TN）排放量 71.95 万吨、总磷（TP）排放量 7.62 万吨。与第一次污染源普查结果相比，农业源污染排放量明显下降。在化肥农药减量增效方面，2015 年以来，我国深入实施化肥农药使用量零增长行动，持续开展抓好 300 个化肥减量增效示范县、300 个绿色防控示范县建设，以点带面推动化肥农药减量增效；2020 年，我国水稻、小麦、玉米三大粮食作物化学农药、化肥利用率分别达到 40.6%、40.2%，比 2015 年分别提高 4 个、5 个百分点。在秸秆综合利用方面，2016 年以来，通过开展秸秆综合利用行动，在全国建设 356 个秸秆综合利用重点县，打造 20 个全域全量利用的典型样板；2014 ~ 2018 年国家发展和改革委员会安排中央预算内资金近 20 亿元，支持粮棉主产区和大气污染防治重点地区（16 个省、区、市）的农作物秸秆（含棉秆）收储运体系建设、秸秆代木（人造板、木塑）、秸秆炭化、秸秆气化、秸秆固化成型燃料、秸秆纤维原料、秸秆清洁制浆、秸秆生产食用菌、秸秆生产有机肥等项目实施；2020 年，全国秸秆产生量 8.56 亿吨，可收集量 7.22 亿吨，利用量 6.33 亿吨，秸秆综合利用率达到 87.6%，肥料化和饲料化为主、燃料化为辅的"农用优先"利用格局进一步巩固（中国农业绿色发展研究会，2022）。在废旧农膜回收利用方面，2012 年以来，我国以新疆、甘肃、内蒙古等 11 个省（区）及新疆生产建设兵团 229 个县（市、区、团场）为重点，持续开展农田废旧地膜回收与综合利用示范，大力推动加厚地膜应用、机械化捡拾、专业化回收、资源化利用；2020 年，全国地膜使用量 135.7 万吨，较 2019 年减少 1.61%，地膜覆盖面积 1738.7 万公顷，较 2019 年减少 1.37%。目前，全国农膜回收率稳定在 80% 以上，重点地区农田"白色污染"得到有效治理，政府引导、市场主导的农膜回收利用体系初步形成（中国农业绿色发展研究会，2022）。

3. 农业环境突出问题治理成效明显

2014 ~ 2018 年，我国实施农业环境突出问题治理专项，开展了系列重大工程项目建设，有效治理了农业环境突出问题。其中，2015 年建设湖北长江天鹅洲白鱀豚国家级自然保护区 1 个，2016 年主要建设重点流域农业面源污染综合治理试点项目 18 个、农牧交错区已垦草原治理试点项目 35 个、东北黑土地保护试点项目 6 个，2017 年支持重点流域农业面源污染综合治理试点项目 21 个、农牧交错带已垦草原治理试点项目县 29 个、东北黑土地保护试点项目 6 个，对治理重点区域、流域农业面源污染和农业环境突出问题提供了重要支撑。

（三）农业养殖废弃物资源化利用提升

1. 畜禽粪污资源化利用水平不断提高

2014～2015 年，农业部选择部分省（区、市）开展了畜禽粪污等农业农村废弃物综合利用试点，探索形成能够推广的畜禽粪污等废弃物综合利用的技术路线和商业化运作模式，开展雨污分离污水收集系统、粪污废弃物储存设施等建设，确保畜禽粪污等农业农村废弃物能够得到有效收运和处理。2017 年以来，中央预算内投资畜禽粪污资源化利用整县推进项目，支持生猪、肉牛、奶牛大县开展畜禽粪污收集、贮存、处理、利用等环节的基础设施建设，整县推进畜禽粪污资源化利用。几年来，我国以畜牧大县为重点，支持粪污处理利用设施建设，实现了 585 个畜牧大县全覆盖。2019 年，我国规模养殖场粪污处理设施装备配套率达到 93%，大型规模养殖场达到 96%；畜禽粪污综合利用率达到 75%；养殖污染物排放量降低，畜禽养殖化学需氧量、总氮、总磷等污染物排放量分别比 2007 年降低 21%、42% 和 25%（生态环境部、国家统计局、农业农村部，2020）。2020 年，全国畜禽粪污综合利用率达到 76%，规模养殖场粪污处理设施装备配套率达到 97%，大型规模养殖场全部完成配套任务（中国农业绿色发展研究会，2022）。

2. 水产养殖业绿色发展有效推进

多年来，我国积极推进水产养殖优布局、转方式、调结构，推动水产养殖从量的增长到质的提升，促进水产养殖业绿色高质量发展（于康震，2019）。在设施装备上，沿海省份更新改造国内渔船 1 万余艘、远洋渔船 679 艘，为 11 万余艘渔船配备了安全和通导装备，建成通信岸台约 200 座、渔港动态管理系统 17 个、渔船动态管理系统及灾备中心约 50 套、渔用航标 179

个，累计安排建设213个渔港及避风锚地，渔业安全生产保障能力显著提高，池塘环保设施改造开始起步。在污染防控上，2011年以来，组织开展稻渔综合种养和水产养殖节能减排技术示范、洞庭湖区水产养殖污染治理试点等，重点开展尾水处理、循环用水等环保设施升级改造，推动养殖尾水有效治理。《中国渔业生态环境状况公报（2019）》显示，我国渔业生态环境状况总体稳中向好，所监测的海洋渔业水域水质有所改善。在健康养殖上，大力推广大水面生态增养殖、工厂化循环水养殖、池塘工程化循环水养殖、集装箱循环水养殖、多营养层级养殖、深水抗风浪网箱养殖等生态健康养殖技术模式，持续开展水产健康养殖示范创建活动，共创建健康养殖示范场5468个、示范县49个。

（四）农村人居环境显著改善

1. 农村"厕所革命"取得积极进展

2018年以来，我国大力开展农村"厕所革命"，通过中央财政、中央预算内投资支持农村"厕所革命"整村推进、农村厕所粪污治理等人居环境整治，通过技术集成示范试点、工程项目建设等，有效了改善了农村厕所条件，切实解决农民如厕难、农村环境等问题。截至2021年底，全国累计改造农村户厕4000多万户，全国农村卫生厕所普及率超过70%。

2. 农村生活垃圾治理全面推进

多年来，我国持续推进农村生活垃圾治理，通过投资建设农村垃圾集中"收集—转运—处理"的场所与设施设备等，逐渐建立健全农村生活垃圾收运处置体系，推动农村生活垃圾得到有效治理，农村人居环境面貌明显改善。截至2020年底，农村生活垃圾收运处置体系已覆盖全国90%以上的行政村，全国排查出的2.4万个非正规垃圾堆放点整治基本完成；2021年底，全国农村生活垃圾进行收运处理的自然村比例稳定在90%以上。

3. 农村生活污水治理有序推进

多年来，我国持续开展全国农村生活污水治理，通过投资建设农村生活污水处理设施设备等工程，不断提高农村生活污水治理水平。截至2021年底，全国农村生活污水治理率达28%左右。

4. 农村村容村貌不断提升

多年来，我国持续开展美丽宜居乡村建设、村庄清洁行动、乡村美化绿化等，大力清理农村生活垃圾、村内塘沟、畜禽养殖粪污等农业生产废弃物以及植树造林等，不断改善农村村容村貌。截至 2020 年底，全国 95% 以上的村庄开展了清洁行动，一大批村庄的村容村貌明显改善，农村从普遍脏乱差转变为基本干净整洁有序。

（五）农业生态系统保持稳定

1. 退耕还林还草成效显著

实施退耕还林还草，是党中央、国务院作出的一项重大战略决策。1999 年以来，我国持续实施退耕还林还草工程，不断加大投资力度，取得了巨大成效。《中国退耕还林还草二十年（1999—2019）》显示，20 年来，我国在 25 个省（区、市）和新疆生产建设兵团的 287 个地市（含地级单位）2435 个县（含县级单位）实施退耕还林还草 5 亿多亩，退耕还林还草完成造林面积占同期全国林业重点生态工程造林总面积的 40.5%，工程区生态修复明显加快，森林覆盖率平均提高约 4 个多百分点；全国 25 个工程省区和新疆生产建设兵团退耕还林每年涵养水源 385.23 亿立方米、固土 6.34 亿吨、保肥 2650.28 万吨、固碳 0.49 亿吨、释氧 1.17 亿吨、提供空气负离子 8389.38×10^{22} 个、吸收污染物 314.83 万吨、滞尘 4.76 亿吨、防风固沙 7.12 亿吨；大江大河干流及重要支流、重点湖库周边水土流失状况明显改善，长江三峡等重点水利枢纽工程安全得到切实保障；内蒙古、陕西、宁夏等北方地区严重沙化耕地得到有效治理，西南地区为主的土地石漠化面积 2011～2016 年年均缩减 3.45%；生物多样性得以保护和加强，野生动植物栖息环境得到有效修复，工程区内植物物种数明显增多，特有珍稀濒危野生动物种群数量得到恢复和发展（国家林业和草原局，2020）。

2. 草原生态质量明显提高

多年来，我国大力实施天然草原退牧还草工程、草原保护与建设、退耕还林还草工程等工程建设，不断加大草原保护与建设投资力度，初步遏制了草原总体退化趋势，推动草原生态环境持续改善、生态质量不断提高。"十二五"期间,在内蒙古、陕西、四川、西藏、甘肃、青海、新疆等13个省区和新疆生产建设兵团支持建成围栏草场27896万亩,补播退化草原9235万亩,建设人工饲草地734.5万亩、舍饲棚圈46.45万户,治理石漠化岩溶区440万亩[①]。2015年,草原综合植被盖度为54%,比2011年提高3个百分点;重点区域天然草原平均牲畜超载率15.2%,比2011年下降12.8个百分点;累计落实草原承包面积42.5亿亩,占草原总面积的72%[②]。2020年,完成退化草原修复治理面积19491.8万亩,其中实施围栏封育14401万亩、退化草原改良2305.6万亩、人工种草2117万亩,治理黑土滩446.2万亩、石漠化草地222万亩;全国草原综合植被盖度达到56.1%,比2011年增加了约5个百分点;天然草原鲜草总产量突破11亿吨,重点天然草原平均牲畜超载率降至10.1%,较2015年下降3.4个百分点。[③]

3. 湿地生态得到恢复和保护

多年来,我国持续实施湿地保护工程建设,湿地生态功能下降趋势得到遏制,湿地生态质量逐步恢复。2003年以来,我国陆续实施了三个五年期的湿地保护工程规划,实施了4100多个工程项目,带动地方共同开展湿地生态保护修复。"十二五"期间,在中央投资带动下,通过项目实施,我国逐步形成了湖泊、沼泽、滨海等多种湿地类型的保护和恢复示范模式。截至2021年底,我国指定了64处国际重要湿地,建立了602处湿地自然保护区、1600余处湿地公园和为数众多的湿地保护小区,湿地保护率达52.65%[④]。

二、经济和社会效益

农业农村环境保护基础设施建设也是一项重要的农村民生工程,是乡村

---

① 2019年国家强农惠农富农政策措施 [EB/OL]. 农业农村部网站, http://www.zcggs. moa. gov. cn/zczc/201906/t20190619_6317976. htm, 2019 – 06 – 19.

② 《农业部关于印发〈农业资源与生态环境保护工程规划 (2016—2020年)〉的通知》(农计发 [2016] 99号)。

③ 农业现代化辉煌五年系列宣传之二十四: 全国草原生态环境持续改善 [EB/OL]. 农业农村部网站, http://www.ghs. moa. gov. cn/ghgl/202107/t20210714_6371800. htm, 2021 – 07 – 14.

④ 我国湿地生态状况持续改善 各地湿地公园达1600余处 [N]. 人民日报, 2022 – 01 – 11.

振兴的重要组成，对农业农村的经济社会发展有着重要影响。多年来，我国农业农村环境保护投资在有效保护和改善生态环境质量的同时，也发挥着补短板、强弱项、惠民生的重要作用，有力支撑农业增效、农民增收，取得明显的经济和社会效益。

（一）促进农业农村经济发展

农业是国民经济和社会发展的基础产业，承担着粮棉油、肉蛋奶、果菜茶等国民生活必需品的生产供给。农业资源环境则是这个基础产业的基础，其中的土壤、水分、空气等要素是农业生产与发展的物质前提。因此，保护和改善农业农村环境，能够支撑和保障农业农村生产发展，进而促进经济和社会发展。

1. 促进农业农村经济增长

投资作为拉动经济增长的"三驾马车"之一，对促进经济发展发挥着重要作用。农业农村环境保护投资属于固定资产投资范畴，是农业农村投资、环境保护投资的重要组成，也是投资的一个方面，也在一定程度上影响着农业农村经济发展。国内外学者开展了大量相关研究。从固定资产投资角度看，美国等国家的固定资产投资同经济增长之间具有显著的正相关关系，即固定资产投资率越高、经济增长速度越快（De Long，1992）；我国固定资产投资也拉动 GDP 增长，如 1978~2014 年平均拉动 GDP 增长 3.90%、2003~2014 年平均拉动 GDP 增长 4.90%，投资拉动经济增长的特征趋于强化（曹建海、李芳琴，2016），尤其政府投资也起着重要作用，政府投资每增加一个百分点、GDP 增加 0.213 个百分点（中国财政科学研究院宏观经济研究中心课题组，2017）；但固定资产投资对经济发展起到拉动增长、优化结构等作用的同时，也引致经济增长失衡、经济运行效率下降等潜在问题（魏四新、郑娟，2014），且投资效用存在滞后性（侯荣华，2002）。从农业农村投资角度看，美国、日本、法国、印度等国的农业发展与农业固定资产投资关系表明，农业有比较快的增长和发展都是在农业固定资产投资规模有了明显的扩大之后（倪心一，1992）；我国农业固定资产投资与农业经济增长二者关联紧密，农业固定资产投资对促进农业经济发展至关重要（杨学峰、杨学成，2013）；西北地区农业固定资产投资与农业经济增长关系也表明，从长期看投资对农业经济增长具有正向拉动作用，但这种影响存在非均衡性，随着农业固定资产投资的加大，对农业经济增长的正向影响作用效果逐渐减弱（袁芳等，2020）；正所谓农业固定资产投资和农业经济增长虽然存在协整和格兰杰因果关系且关联度紧密，但具有滞后效应，在投资达到一定年限后才会对农业经济起促进作用且非常显著（邱福林、穆兰，2010），这意味着农业固定资产投资存在投资效用寿命周期，即农业固定资产对农业生产增长的贡献是由小到大、然后由大到小、最终为零，且对农业经济增长的贡献主要取决于固定资产存量（李锐，1996）。从环境保护投资角度看，经济合作与发展组织成员国所有环保计划在第一年总是有利于 GNP 的增长，在最后一年的影响较复杂，对 GNP 的正负影响在不同的国家都有表现（戴维·皮尔斯、杰瑞米·沃福德，1996）；我国环保投资对经济的增长有明显的拉动作用（蒋洪强、曹东，2005），环保投资与 GDP 之间存在长期均衡关系，环保投资增加 1%、拉动 GDP 增长 0.13%，环保投资对 GDP 拉动效应显著（朱建华等，2014）。关于农业农村环境保护投资与经济增长的相互关系，目前的相关研究大多是定性分析、定量研究相对较少，但综合已有相关研究，也可大胆推断农业农村环境保护投资对农业农村经济增长有一定的支撑与促进作用。

2. 支撑农业农村产业发展转型升级

多年来，我国日益重视和加强农业农村生态环境保护，频繁出台政策措施，不断加大投资力度，建设系列工程设施，推动农业农村生态环境空间布局不断优化、资源配置更加合理，进一步支撑农业农村产业结构优化。特别是近年来，我国深入推进农业农村发展绿色转型，推动农业农村生产发展日益从数量型向质量型、效益型转变。在种植业发展上，根据区域资源环境状况、供给需求等，巩固提升粮食等重要农产品供给保障能力，持续优化结构布局，持续增强设施装备和科技支撑，加快形成绿色生产方式。"十三五"期间粮食播种面积稳定在 17.4 亿亩以上，2020 年粮食产量达到 6695 亿千克、粮食平均亩产 382 千克、人均粮食占有量 474 千克，实现了谷物基本自给、口粮绝对安全；棉油糖产量分别达到 591 万吨、3586 万吨和 1.2 亿吨，保持基本稳定①。适度调减低质低效区水稻、地下水超采区和条锈病菌源区小麦、生态脆弱区和常旱易旱区玉米种植，2020 年大豆种植面积达 1.48 亿亩②，棉糖生产区域更加集中，品质结构更加优化，绿色优质农产品供给稳步增加。2020 年，累计建设 8 亿亩高标准农田，主要农作物自主选育品种种植面积超过 95%，农作物耕种收综合机械化率 71%，小麦生产基本实现全程机械化，玉米、水稻耕种收综合机械化率超过 80%③。通过实施退耕还林还草、生态循环农业和乡村人居环境整治等系列工程建设，不断拓展农业农村的生态、生产、生活等多种功能，体验农业、创意农业、共享农业等新产业新业态大量涌现，科技、文化、教育、旅游、康养等产业与农业跨界融合，创建了一批全国休闲农业重点县、美丽休闲乡村。在草食畜牧业发展上，引导生猪养殖向玉米主产区和环境容量大的区域进一步集中，更加合理布局生猪养殖，实现种养紧密结合；大力开展畜禽养殖标准化示范创建，推广一批先进的实用技术、设施装备和管理理念，以点带面提升全行业的标准化、规模化水平，2019 年全国年出栏 500 头以上的生猪养殖规模化率达到 53%，年出栏 5000 头以上生猪养殖规模化率为 21.8%④。"十三五"以来，继续在内蒙古等省（区、市）实施退牧还草、退耕还林还草、农牧交错带已垦草原治理工程，通过实施围栏封育、退化草原改良、人工种草等工程措施，推动工程区内植被逐步恢复，生态环境明显改善；与非工程区相比，工程区内草原植被盖度平均提高 15 个百分点，植被高度平均增加 48.1%，单位面积鲜草产量平均提高 85%⑤。在北方农牧交错带等地区推行禁牧、休牧、轮牧和草畜平衡制度，实施肉牛、肉羊标准化规模养殖项目建设，优质牛羊肉产量稳定增长，2020 年全国牛肉、羊肉产量分别为 672 万吨和 492 万吨，牛羊肉产量占猪牛

---

①②③ 农业农村部关于印发《"十四五"全国种植业发展规划》的通知（2021 年）。

④ 农业现代化辉煌五年系列宣传之三：生猪产业加快转型升级［EB/OL］. 农业农村部网站，http：//www. jhs. moa. gov. cn/ghgl/202105/t20210511_6367525. htm，2021－05－11.

⑤ 农业现代化辉煌五年系列宣传之二十四：全国草原生态环境持续改善［EB/OL］. 农业农村部网站，http：//www. ghs. moa. gov. cn/ghgl/202107/t20210714_6371800. htm，2021－07－14.

羊禽肉总产量比重达到 15.2%[①]。在水产养殖业发展上，大力优化养殖生产、空间布局，转变养殖方式，积极发展水产健康养殖。大力发展稻渔综合种养，全国稻渔综合种养面积达到 3800 多万亩；因地制宜开展盐碱水生态养殖，养殖面积超过 100 万亩（阮思甜，2021）。持续开展全国水产健康养殖示范创建，截至 2019 年底共创建国家级健康养殖示范场 5468 家、健康养殖示范县 49 个[②]。在水产品总量保持增加的同时，统筹渔业资源合理利用和渔业生态环境保护，促进渔业发展加快转型升级，水产品捕捞量逐渐减少，养殖规模不断扩大。2021 年，养殖类水产品产量 5394 万吨，养殖产量占水产品总产量的比重增加到 80.6%，捕捞水产品产量 1296 万吨，占水产品产量的比重进一步下降到 19.4%[③]。

（二）助推农民增收致富

农业农村环境保护事关人民群众的身体健康、生命安全和生活质量。农民群众是农业农村环境保护最直接的受益者，也是最重要的参与者、建设者。开展农业农村环境保护投资，引领带动广大农民群众积极参与相关重大工程与项目建设，完善相关基础设施，既保护和改善农业农村环境、保障农民身体健康，又为农民提供就业岗位、促进农民增收致富。

1. 在退耕还林还草方面

《中国退耕还林还草二十年（1999—2019）》显示，1999 年以来我国通过实施退耕还林还草工程建设，带动全国 4100 万农户参与实施，1.58 亿农民直接受益，经济收入明显增加，退耕农户户均累计获得国家补助资金 9000 多元，农民增收渠道不断拓宽、收入更加稳定多样。据国家统计局监测，2007 ~

---

① 农业现代化辉煌五年系列宣传之一：农业现代化成就辉煌全面小康社会根基夯实 [EB/OL]. 农业农村部网站，http://www.ghs.moa.gov.cn/ghgl/202105/t20210508_6367377.htm，2021 – 05 – 08.

② 农业现代化辉煌五年系列宣传之四：渔业高质量发展取得实效 [EB/OL]. 农业农村部网站，http://www.ghs.moa.gov.cn/ghgl/202105/t20210512_6367567.htm，2021 – 05 – 12.

③ 农业发展成就显著乡村美丽宜业宜居——党的十八大以来经济社会发展成就系列报告之二 [EB/OL]. 国家统计局，http://www.stats.gov.cn/xxgk/jd/sjjd2020/202209/t20220914_1888221.html，2022 – 09 – 14.

2016 年，退耕农户人均可支配收入年均增长 14.7%，比全国农村居民人均可支配收入增长水平高 1.8 个百分点。

2. 在草原生态保护方面

2019 年相关省（区）通过实施草原治理与生态保护，以补奖政策为契机，开展人工草地、牲畜棚圈、贮草棚等基础设施建设，大力发展牛羊等草食畜牧业，推动传统草原畜牧业转型升级，有力促进了草原生态恢复和牧民增收。据统计，实施草原治理与生态保护的 13 省（区）农牧民人均补奖政策性收入近 700 元，户均增收入近 1500 元①，家庭经营性收入稳步增加、收入渠道更加多元，牧区县和半农半牧区县牧民人均牧业收入分别达到 7393.3 元和 4545.2 元（国家林业和草原局，2020）。

3. 在耕地轮作休耕方面

2016 年以来东北冷凉区、北方农牧交错区、西南西北生态严重退化地区、长江流域稻谷小麦低质低效区、黄淮海玉米大豆轮作区等试点区域，通过实施耕地轮作休耕先行先试，探索构建绿色种植方式、农业生态治理模式等，在加强农业生态环境治理与保护的同时，也积极带动农民增收致富。例如，内蒙古阿荣旗探索"轮作+扶贫农场"模式，将试点内贫困户的耕地纳入轮作试点，由扶贫农场统一经营，贫困户人均收入从 2200 元增加到 3700 多元，增幅达 68%，为脱贫做出贡献；江苏、江西、贵州、甘肃将轮作休耕与有机农业生产、生态旅游观光结合，带动地方特色产业发展②。

4. 在渔业生态保护方面

通过实施增殖放流和相关工程设施建设，有效补充丰富了渔业资源，带动渔民增产增收。据北京市测算，2019 年密云水库投入增殖放流资金 1000 万元，捕捞产量 2350 吨，仅渔获物产值就达 0.86 亿元，还带动休闲旅游、餐饮等产业发展，综合经济效益达 1 亿元以上；据宁波市评估，象山港海域

---

① 草原生态保护补奖政策实施十年 1200 多万户农牧民受益［EB/OL］. 国家林业和草原局政府网，http://www.forestry.gov.cn/main/61/20211228/102819465999199.html，2021 – 12 – 06.

② 农业现代化辉煌五年系列宣传之二十七：耕地轮作休耕制度试点取得阶段性成效［EB/OL］. 中农业农村部网站，http://www.ghs.moa.gov.cn/ghgl/202107/t20210720_6372260.htm，2021 – 07 – 20.

增殖放流黄姑鱼鱼苗 57 万尾，可为周边地区带来 10.7 吨的黄姑鱼渔获产量，产值约合 64.7 万元，可有效助推象山港周边地区生计渔业的增产增收；据广东省调查评估，海洋经济物种增殖放流的鱼虾类可形成捕捞产量 1612.787 吨，产值 1.36 亿元；根据安徽省调查统计，2019 年巢湖渔民户均捕捞纯收入约 31.8 万元，大部分渔民的渔业捕捞收入占全年总收入的 90% 以上，在捕捞收入中增殖放流鱼类约占 36.8%。

（三）支撑农产品质量安全水平提升

多年来，在农业农村环境保护投资的有力支撑下，农业农村环境质量不断改善、农产品质量安全监管水平不断增强，也从源头上保障了农产品质量安全。"十三五"期间，全国农产品质量安全监测合格率稳定在 97% 以上，绿色、有机和地理标志农产品总数超过 4.35 万个，绿色优质农产品比重持续提升，为维护人们"舌尖上的安全"、全面建成小康社会、实施乡村振兴战略等牢牢守住了安全底线[①]。"十三五"时期农产品质量安全例行监测合格率情况，如图 5 - 17 所示。

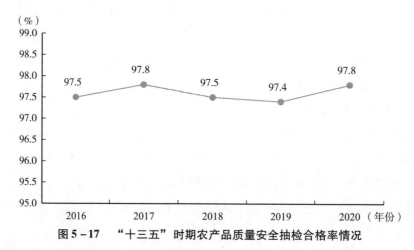

图 5 - 17　"十三五"时期农产品质量安全抽检合格率情况

资料来源：作者根据农业农村部网站等整理。

———————————

① 农业农村部网站。

根据农业农村部统计数据显示：2016 年，农产品质量安全总体抽检合格率 97.5%。其中，蔬菜、水果、茶叶和水产品抽检合格率分别为 96.8%、96.2%、99.4% 和 95.9%；畜禽产品抽检合格率 99.4%。2017 年，农产品质量安全总体抽检合格率 97.8%。其中，蔬菜、水果、茶叶、畜禽产品和水产品抽检合格率分别为 97.0%、98.0%、98.9%、99.5% 和 96.3%。2018 年，农产品质量安全总体抽检合格率 97.5%。其中，蔬菜、水果、茶叶、畜禽产品和水产品抽检合格率分别为 97.2%、96.0%、97.2%、98.6% 和 97.1%。2019 年，农产品质量安全总体抽检合格率 97.4%。2020 年，农产品质量安全总体抽检合格率 97.8%。其中，蔬菜、水果、茶叶、畜禽产品、水产品抽检合格率分别为 97.6%、98.0%、98.1%、98.8%、95.9%。

（四）增强生态环境意识

多年来，政府、社会资本等主体在开展农业农村环境保护投资建设的同时，积极利用各类媒体，宣传展示农业农村环境保护成效、经验及重大工程项目，不断增强广大人民群众的生态环境意识，形成了政府主导、各界支持、群众参与的农业农村环境保护良好社会氛围。

1. 在退耕还林还草方面

1999 年以来，通过将任务分配到户、政策直补到户、工程管理到户等，退耕还林还草政策措施和工程建设家喻户晓，成为生态意识的"播种机"和生态文化的"宣传员"，工程区老百姓深切感受到生态环境的巨大变化和生产生活条件的明显改善，对生产发展、生活富裕、生态良好的文明发展道路有了更加深刻的认识，开展生态修复、保护生态环境成为广泛共识。

2. 在草原生态保护方面

多年来，在实施草原治理与生态保护投资、草原补奖政策等过程中，通过开展草原普法宣传、种草绿化、生物多样性保护、禁牧休牧等宣传活动，推动草原绿色发展理念深入人心，牧民的草原保护意识从"要我保护"向"我要保护"转变，生产过程更加绿色，资源节约、环境友好、生态保育型草牧业逐步形成。

3. 在农膜回收利用方面

政府充分利用各类媒体，宣传废旧农膜危害、回收利用成效，不断增强广大农民群众环境保护意识。例如，甘肃借助广播、电视、报刊等媒体平台，结合发放资料、流动宣传、专项整治等方式，大力宣传废旧农膜回收利用，有效增强了农膜生产者、销售者、使用者履行环境保护责任的自觉意识；新疆结合"科技之冬"、新型农民培训、农牧民技能培训、农技人员下乡等多种方式，大力宣传残膜危害、废旧地膜污染治理政策、地膜使用质量标准等，提高了广大农民群众参与治理"白色污染"的自觉性和积极性。

4. 在渔业资源环境保护方面

政府、社会团体等主体注重宣传引导，不断提高广大渔民群众和社会各界的渔业资源环境保护意识，增强对渔业资源环境保护的重视、关心、理解和支持。例如，山东省积极探索"政府引导、社会运作、全民参与"社会渔业增殖放流模式，指导各地加快筹建水生生物资源养护协会，着力打造集渔文化宣传、增殖知识科普、社会放流等多功能于一体的综合性放鱼台，进一步提高了社会各界对增殖放流工作的认知度和参与度。

第六章

我国农业农村环境保护投资问题与建议

20 世纪 70 年代以来，特别是 1998 年以来、党的十八大以来，我国农业农村环境保护投资快速发展，逐步规范，效益显著，为保护和改善农业农村环境质量、促进农业农村发展发挥了重要作用。新的时代背景下，面临农业农村发展全面绿色转型、乡村振兴战略全面实施、生态文明建设深入推进等新的形势与要求，农业农村环境保护投资仍然存在一些理论与实践上的突出问题，亟须优化改进。

第一节　主要问题分析

对标新的发展形势与要求，我国农业农村环境保护投资仍然面临着体制机制、规模结构、投资方式、法律政策等方面的突出问题，在一定程度上制约着投资关键作用发挥。

一、调查统计比较滞后，投资数据获取难

科学、全面的调查统计，是获取农业农村环境保护投资有效数据的主要来源和手段。多年来，我国制定了多项涉及农业农村环境保护投资的调查统

计制度或措施，为掌握农业农村环境保护投资情况、开展农业农村环境保护投资提供了重要依据。但总体来看，农业农村环境保护投资调查统计仍然非常薄弱，比较滞后，无法满足需要。

（1）现行调查统计范围窄、内容少。近年来，我国制定实施了一系列农业农村调查统计制度或措施，其中涉及农业农村环境保护投资的相关内容。但相对农业农村环境保护投资对象范围而言，这些调查统计涉及的农业农村环境保护投资内容少、比较片面，获取的数据有限。例如，"全国农业资源环境信息统计调查制度"，在2020年及之前的统计报表中，"各地区农业资源环境保护机构主要仪器设备情况""各地区外来入侵生物治理情况""各地区农业湿地保护情况"等报表涉及相关投资内容；"政府收支分类科目"，在"211节能环保支出"中"自然生态保护""退牧还草""已垦草原退耕还草""可再生能源"等，以及"213农林水支出"中"农业资源保护修复与利用"等涉及相关资金支出内容。

（2）缺乏统一的专业性调查统计。目前，涉及农业农村环境保护投资情况的调查统计内容，分散在各相关调查统计工作中。缺乏统一的专业性调查统计，不利于全面、系统地获取农业农村环境保护投资数据，进而也无法及时、科学地开展统计分析。从全面实施乡村振兴战略、推进农业农村全面绿色转型、深入开展生态文明建设的形势与要求看，开展统一的专业性农业农村环境保护投资调查统计，全面掌握基本情况、变化及需求等，是必然趋势。

（3）社会投资数据调查统计难。实际上，目前开展的一些涉及农业农村环境保护投资调查统计工作，基本以政府为投资主体，统计政府投资情况，而且调查统计分类也不翔实，获取的相关投资数据比较粗略。例如，从政府层级看，中央政府、省级政府投资数据相对清晰，而县级政府投资数据就比较模糊；从行业细分看，农业生态环境、农村人居环境、草原保护等行业"大类"投资数据相对清晰，而农产品产地环境保护、农业面源污染防治、农业野生动植物保护、农业湿地保护等方面的投资数据则相对模糊。然而，更困难的是，资金量大、面广、效率高的社会投资，其调查统计非常欠缺，基本没有固定的调查统计渠道，数据获取难度极大。

二、体制机制仍不顺畅，投资效率不高

投资体制机制是实施投资行为、加强投资管理的"基本骨架"和"动力源泉"。近年来，尤其 2018 年以来，我国不断深化投资管理改革，理顺体制机制，有力推动和规范了农业农村环境保护投资发展。但总体来看，农业农村环境保护投资体制机制仍不顺畅，存在多头管理、事权不清、投资效率不高等问题。

（1）投资管理多头分散。在 2018 年机构改革之前，中央层面涉及农业农村环境保护投资管理的部门主要有中央农办、财政部、国家发展和改革委员会、农业部、环境保护部、建设部、国土资源部、水利部、国务院扶贫办公室等机构。2018 年机构改革以来，中央将有关农业投资项目管理职责整合，组建农业农村部，负责农业投资管理等；同时也对相关生态环境保护管理职责进行整合，例如，将"原农业部的监督指导农业面源污染治理职责"划入新组建的生态环境部。这次机构改革，在一定程度上解决了职能配置分散，以及支农资金在分配、使用和管理上紊乱等问题，但仍然存在农业农村环境保护投资多头管理、资金分散等问题。目前，中央层面涉及农业农村环境保护投资管理的部门仍然包括财政部、国家发展和改革委员会、农业农村部、生态环境部、住房和城乡建设部、国家林业和草原局、水利部等，部门间协调配合难度大、协调沟通仍需加强，项目多头申报、多头审批、重复论证、重复安排等问题仍然存在，在使用方向、实施范围、建设内容、项目安排等方面仍然存在重复投资、分散投资现象，影响资金使用的整体效益。

（2）投资机制仍需完善。首先，决策机制仍需优化。目前，农业农村环境保护项目投资审批，基本是按照投资规模确定权限，手续繁杂、程序较多，且审批权限已不适应经济社会发展。例如，申请中央预算内投资 3000 万元及以上的农业农村环境保护项目，由国家投资综合管理部门（国家发展和改革委员会）评估、审批，下达投资计划。项目审批科学化不够，尽管政府在审批时依据相关规划，并制定相关评估手段，但对投资项目的前期论证、事前

监督仍然薄弱，难以明确判断项目的科学性、合理性。农业环境保护投资政策不连续、不系统、随意性大，前期一个项目没有完成便另起炉灶开始实施新的规划、启动新的项目，如农业环境突出问题治理实施周期仅为 2014～2018 年，全国农产品质量安全检验检测体系建设仅实施 2 个五年规划，重点农业生物资源保护工程 2015 年不再实施，等等。此外，由于现行的农业农村环境保护大多由政府主导决策、设计并投资实施，其他主体参与度不足，导致一些投资项目和实际需求脱节、投资效益低等。其次，执行机制有待畅通。政府农业农村投资管理程序复杂，各地区、各部门间的协调机制仍然存在堵点，往往造成执行和协调成本居高不下、工作效率低。在项目申报上，往往至多提前一周或几天时间发出申报通知通告，且材料要求严格，留给下级政府及部门、社会主体等时间较短，匆匆忙忙，既没有很好准备相关材料，也没有科学开展项目前期论证等，影响项目质量。在投资资金下达上，环节烦冗，拨付迟缓，甚至错过当年农时，影响投资。最后，监管机制需要健全。虽然政府在投资时引入了项目管理、标准文本管理、专家评审制度、政府采购和国库集中支付制度等，但仍然不够规范，政府农业农村环境保护投资管理工作的主要内容往往是分资金、下指标，重资金分配、轻资金管理。由于投资事后监管机制、工程管护机制等不健全，一些地方农业农村环境保护基础设施建成后，仍然存在产权不明、管护权责不清、专项管护资金缺乏、管护责任难落实等问题，影响设施的使用寿命和效益的持续发挥。

（3）投资事权仍不清晰。在政府间事权方面，政府部门间、上下级政府间投资事权划分仍不具体细致。虽然财政、发展改革、农业农村、生态环境、住建、林草等部门关于农业农村环境保护投资责任已基本明确，各有分工与侧重，但具体细分领域的投资事权仍交叉严重，例如：农业面源污染防治既有生态环境部门监管、又有农业农村部门实施；农村人居环境整治既有农业农村部门实施、又有生态环境和住建等部门推动；等等。2020 年，国务院办公厅印发《生态环境领域中央与地方财政事权和支出责任划分改革方案》，明确了中央政府与地方政府关于农业农村污染防治事权，但仍然比较粗略、没有形成明细目录，尤其农业农村生态保护、环境监测与科研等投资事权尚未明确。在政府与市场间事权方面，责任不明，存在政府职能错位、越位、缺位等现象。现行环境保护管理体系没有明确划分政府、企业和个人之间的农业农村环境事权和投融资责权，缺乏有效的投入、产出与成本效益核算机制，结果可能导致农业农村环境治理的责任过多地由政府承担，而企业和个人无须或极少承担相应的责任和风险。

三、投资强度仍需提升，投资作用有限

全面实现乡村振兴，需要真金白银地投。农业农村环境保护也需要真金白银地投，无论是总量规模、还是结构布局，都需加大力度、合理优化，不断提升投资效益、发挥投资关键作用。近年来，我国农业农村环境保护取得显著成就，农业农村发展绿色转型，引领乡村振兴实现良好开局。但总体来看，对比城市、工业等领域或行业环境保护，尤其对比新形势、新任务、新要求，我国农业农村生态环境问题仍然比较突出，欠账仍然很多，特别是环境基础设施和物质装备还存在明显薄弱环节。

（1）投资规模小，存在较大资金缺口。据农业农村部初步测算，实现乡村振兴战略五年规划目标，至少投资 7 万亿元。其中，基础设施建设资金需求规模、占比等都比较大，还会稀释对非基础设施建设项目的投入。尽管，我国不断增加对乡村振兴的投入，但从总体看，政府投入仍明显不足。仅就农村人居环境建设而言，据初步测算，要完成改善人居环境、污水治理和厕所革命这农村"三大革命"，至少要投资 3 万亿元（韩长赋，2018）。据本书收集、整理的数据显示，2020 年我国中央政府农业农村环境保护投资仅为 152.97 亿元，而其中的农村人居环境中央预算内投资仅为 29.76 亿元，即使考虑补齐相关缺失数据、叠加地方政府投资、社会资本投资等因素，与万亿元级别的资金需求仍然相距甚远。何况，看似规模巨大的社会资本投资农业农村环境保护领域的意愿不强、动力不足，真正有效、能够落地生根的投资极其有限。同时，作为农业农村环境保护的直接受益者、参与者与建设者的广大农民群众，参与程度不足问题也比较突出，筹资投劳有限，"政府干、

农民看"等现象比较常见。可见,我国农业农村环境保护投资规模小,与农业农村环境保护的重要性、紧迫性不相符,与农业农村环境保护面临的形势需求不匹配,资金不足成为重要瓶颈。

(2)投资范围窄,结构布局仍需优化。从要素看,水、废弃物、土壤等污染防治与保护虽投资相对较多但也无法满足实际需求,而空气、生态等投资则更少。例如,农业农村空气环境监测投资不足,导致相关监测数据缺乏,无法及时有效掌握空气环境质量状况及其对人体健康、农产品质量安全的影响;农田生态保护与建设、水生生物保护、农业湿地保护等投资不足,农业生物多样性保护急需加强;县级农产品产地土壤环境监测、耕地保护与质量提升等投资不足,影响例行监测工作开展;农业节水设施设备建设薄弱,农业节水效率仍存在较大提升空间;等等。从环节看,农业农村的环境调查与监测虽投资相对较多,但也无法满足实际需求;污染治理与修复、生态保护与建设等环节投资相对较少,工程、设施、设备等严重不足,急需加强建设。从专项看,虽然进行了相关整合,但仍然存在"散、小、乱""点多、量大、面广",以及重复交叉等问题。例如:草原治理与保护内容既有退耕还林还草工程、天然草原退牧还草工程等工程实施,又有草原保护与建设项目支持,既在重点区域生态保护和修复工程投资专项涉及,又在森林草原资源培育工程投资专项体现;农业绿色发展投资专项范围窄,内容上仅包括畜禽粪污资源化利用、长江经济带和黄河流域农业面源污染治理、长江生物多样性保护,区域上仅涉及与此相关的省(市、县)或流域,"点穴式"投资难以实现农业发展全面绿色转型;等等。

(3)投资增幅不稳定,效益仍然低。从规模变化看,中央政府农业农村环境保护投资总量呈现"减少—增长—减少—增长"的波浪震荡式的发展轨迹,受政策与宏观经济社会背景等影响较大。例如,2008年达到第一个投资高点,主要与我国为应对国际金融危机影响而实施的"一揽子"经济刺激计划有关,带动农业农村环境保护投资明显提升;2017年,中央农业农村环境保护投资总量再创新高,主要与启动实施农业绿色发展五大行动有关;2019年,中央农业农村环境保护投资达到最高点,主要与启动实施农村人居环境整治工程建设有关。从占比变化看，中央农业农村环境保护投资占中央农业基本建设投资、中央生态环保基本建设投资、中央基本建设投资、第一产业固定资产投资（不含农户）、全社会固定资产投资（不含农户）的比重，也呈波浪震荡式发展轨迹。从投资效益看，在中央农业农村环境保护投资的引领和带动下，我国农业农村生态环境整体状况显著改善，农业农村发展绿色转型，但基础仍不牢固、欠账仍然较多，尤其个别行业、领域生态形势依然严峻、生态环境问题仍然突出；政府投资对社会资本投入、农民参与农业农村环境基础设施建设的引领与带动有限，尚没有广泛形成农业农村环境保护及投资建设的社会合力，导致农业农村环境基础设施建设资金严重短缺，短板、弱项问题仍然突出；投资对农业农村经济社会高质量发展的支撑与促进作用仍需提升，农业农村产业全面深入转型升级仍深受基础设施短缺制约，质量效益提升空间仍然很大。

四、配套政策仍不健全，社会投资动力不足

农业农村生态环境的公共物品、外部性等特征，导致农业农村生态环境保护（破坏）的边际私人收益（成本）和边际社会收益（成本）发生偏离，成为农业农村生态破坏、环境污染的根源。如果相关激励与约束等机制政策的缺位、失位或不完善，则无法有效激励保护者的积极性和约束破坏者的不良行为，将加剧这种偏离、凸显外部性。

（1）激励和保障政策不完善。近年来，我国出台了《关于推进农业领域政府和社会资本合作的指导意见》《社会资本投资农业农村指引（2021年）》等多项政策措施，鼓励和引导民间资本、社会资本投资农业农村或生态环境领域，为农业农村环境保护争取更多社会投资发挥了重要作用。但总体来看，社会资本投资的规模、动力、意愿等仍然不足，尤其在营利性差、基础性和公益性强的农业农村环境基础设施方面体现得更为明显。很重要的一个原因，在于激励和保障政策尚不完善，投资利益不能得到有效保障、承担的投资风险比较大。农业农村环境保护投资具有成本高、收益低、周期长、风险大等

特点，涉及用地、用水、用电、用能等多项要素或程序审批，对社会资本的吸引力不强；加之农业农村环境保护投资抵押物少、贴息与担保等政策落实力度不够，导致金融支持不到位，融资难、融资贵问题依然突出。农业农村生态环境保护补偿政策不健全，影响保护者的行为积极性。

（2）约束和惩戒机制不健全。建立健全农业农村生态环境约束和惩戒机制，是打击破坏农业农村生态环境违法行为、加强生态环境保护的重要手段。多年来，我国制定的农业农村生态环境约束和惩戒措施散见于《中华人民共和国农业法》《中华人民共和国环境保护法》《中华人民共和国农产品质量安全法》《中华人民共和国农产品产地安全管理办法》等法律法规，系统性不足、操作性不强、落实不到位。党的十八大以来，我国更加高度重视生态环境损害赔偿，出台了《生态环境损害赔偿制度改革试点方案》《生态环境损害赔偿制度改革方案》《关于推进生态环境损害赔偿制度改革若干具体问题的意见》《生态环境损害赔偿管理规定》等系列政策措施，初步构建了生态环境损害赔偿的责任明确、途径畅通、技术规范、保障有力、赔偿到位、修复有效的制度体系。总体来看，这些法律法规、规范性文件等为加强农业农村生态环境约束和惩戒提供了重要保障，能够在一定程度上规范农业农村生态环境行为，但也因内容的针对性不强、措施的具体性不足等导致作用发挥仍然有限。

（3）资源环境产权界定不到位。界定明晰农业农村生态环境的所有权、使用权、管理权、收益权等产权归属，明确相关主体的环境保护权利与责任，是解决农业农村环境问题的重要手段。在理论层面，多年来国内外许多经济学者、生态环境学者、农业学者等，围绕农业农村资源环境产权界定、配置、交易、保护等开展了大量研究，取得了丰硕成果，为实践层面推动农业农村资源环境产权界定奠定了理论基础；在实践层面，多年来我国颁布实施了《中华人民共和国农业法》《中华人民共和国环境保护法》《中华人民共和国物权法》《关于统筹推进自然资源资产产权制度改革的指导意见》《不动产登记暂行条例》等系列法律法规，建立了自然资源不动产统一登记制度，不断推进和完善自然资源资产产权交易和保护，为界定农业农村资源环境产权提供了经验。但总体来看，无论是理论研究、还是实践探索，我国的农业农村资源环境产权制度仍不完整，产权界定不到位，产权主体不明确、收益分配不清晰、权益难落实，产权保护不严格、监管力度不足等，影响个人、社会资本等参与农业农村生态环境保护与投资建设。

五、法律法规建设薄弱，投资保障与规范不足

法律法规具有权威性、稳定性和规范性等特征，是开展农业农村环境保护投资的根本保障。多年来，我国已颁布实施了多项涉及农业农村环境保护投资的法律法规，对推动、规范农业农村环境保护投资提供了重要保障。但总体来看，农业农村环境保护投资法律法规建设仍然薄弱，亟须健全完善。

（1）现行法律法规针对性不强。现行法律法规对农业农村环境保护投资规定比较分散，内容笼统、针对性不强、可操作性差。例如，《中华人民共和国农业法》第三十八条第二款，仅原则性规定"各级人民政府在财政预算内安排的各项用于农业的资金应当主要用于：加强农业基础设施建设；……；加强农业生态环境保护建设……"，内容比较笼统、不具体，投资主体不清晰，且"农业生态环境保护建设"只是政府财政资金投入的一个方面，能否兑现资金、形成有效投资存在不确定性；《中华人民共和国环境保护法》第三十三条虽已规定"各级人民政府应当加强对农业环境的保护……；县级、乡级人民政府应当提高农村环境保护公共服务水平，推动农村环境综合整治"，但并未明确农业农村环境保护投资内容。与农业农村环境保护及投资关联密切的上述两部综合性法律尚且如此，其他相关法律法规更不必赘言，虽涉及农业农村环境保护及投资，但内容分散。

（2）现行投资政策稳定性不足。多年来，在城乡"二元"结构制度下，我国公共产品供给呈现城市偏好的非均衡发展，对农业农村环境保护建设实行救援性的财政安排，随意性强、稳定性差。实际工作中，我国实施农业农村环境保护投资行为及管理，主要依据国家发展和改革委员会、财政部、农业农村部等相关部门印发的办法、意见、规定、通知、方案、规划等部门规

章和规范性文件。这些政策虽然对推动具体工作发挥了重要作用，但也存在法律阶位层次低、权威性和稳定性不足等问题。例如，关于农业绿色发展投资管理，2019年国家发展和改革委员会、水利部、农业农村部等部门联合印发《农业可持续发展中央预算内投资专项管理暂行办法》，对畜禽粪污资源化利用整县推进、长江经济带农业面源污染治理等建设项目投资进行详细规定；但2021年国家发展和改革委员会、农业农村部等部门又联合制定《农业绿色发展中央预算内投资专项管理办法》，修订并取代《农业可持续发展中央预算内投资专项管理暂行办法》，将投资范围扩展至畜禽粪污资源化利用整县推进、长江经济带和黄河流域农业面源污染治理、长江生物多样性保护工程等项目，对具体项目内容进行微调。尽管这些部门规章、规范性文件相对灵活，能够与时俱进、及时调整，但也存在稳定性不足，影响工作的连续性。

（3）缺乏统一的专门性法律法规。目前，我国部分省（自治区、直辖市）颁布了省级农业投资条例、农业生态环境保护条例或办法、环境保护专项资金使用办法或规定等地方性法规，虽然涉及农业农村环境保护投资，但内容比较单薄、作用有限，且时过境迁、不适应新形势新发展要求。例如，天津市制定和颁布了《天津市农业生态保护办法》《天津市环境保护条例》《排污费征收使用管理条例》《天津市环境保护专项资金收缴使用管理暂行办法》等相关地方性法规或规范性文件，虽然涉及农业农村环境保护投融资内容，但比较单薄、操作性差。当前，在全面实施乡村振兴战略、推进农业农村绿色发展和建设生态文明的背景下，农业农村环境保护与投资必须强化，而实施法治化管理则是行业管理现实所需和法治社会建设应有之义。因此，缺乏一部统一的全国性的专门法律，将农业农村环境保护投资的目标、内容、渠道、主体及职责、机制等加以规范化制度化明确，实现以法律手段保障和规范农业农村环境保护投资行为、效益。

六、绩效考核仍不完善，投资效益保障难度大

开展农业农村环境保护投资绩效考核，是规范和加强农业农村环境保护

投资管理、提高投资效益的重要手段。近年来，我国持续强化"投资必问效、无效必问责"理念，全面加强农业投资绩效管理，印发《中共中央、国务院关于全面实施预算绩效管理的意见》《国家发展改革委关于加强中央预算内投资绩效管理有关工作的通知》《农业农村部中央预算内投资补助地方农业建设项目绩效管理办法（试行）》等政策文件，开展了相关农业投资项目绩效评价工作，初步构建农业投资绩效管理体系。但总体来看，尤其对照农业农村环境保护投资的属性特点和目标任务，目前的绩效考核仍不完善。

（1）绩效指标设置有待优化。目前，我国建立制定的农业建设项目绩效指标，涵盖"决策—过程—产出—效益"全链条，看似环环相扣、完整无缺，但实际上过于注重"工作过程"考核，注重"面上工作"推动，更多强调的是从该项工作本身出发，考核其决策部署是否按要求开展、组织实施是否符合项目管理和资金要求、产出情况是否达到预期目标等，而对"结果导向"重视与体现不够，不仅设定的社会、经济、生态效益及可持续影响等指标可量化程度低，而且无法充分体现农业农村环境保护投资带来的生态环境效益这一属性特点。

（2）绩效评价方法有待丰富。目前，我国采用的农业建设项目绩效方法主要是比较法，主要是将农业建设项目实施情况与绩效目标、历史情况、不同部门和地区同类投资情况进行比较，侧重于对不同部门、不同地区投资工作绩效的横向对比，为后续开展激励和约束提供支撑，更多是为投资项目监管服务；对成本效益法、因素分析法、最低成本法和公众评判法等方法应用不足，尤其从客观角度，科学、真实反映农业农村环境保护投资的效益评价不足，为提高投资效益的服务相对薄弱。

（3）绩效评价结果应用不足。尽管近年来，我们一直强调加强农业建设项目投资绩效考核结果应用，要突出绩效评价结果的激励和约束作用，将绩效评价结果与农业建设项目及投资安排挂钩，但实际应用不足、成效未达预期。一方面，由于绩效评价指标、评价方法的有待优化与完善，导致农业农村环境保护投资绩效评价不足，难以科学客观完整反映其投资绩效；另一方面，近年来的农业农村环境保护投资绩效评价开展仍处于探索或试点阶段，成熟的模式、技术相对较少，绩效评价结果应用不足在所难免。

第二节　优化改进建议

为进一步加强与规范农业农村环境保护投资，发挥关键支撑作用，从相关理论研究、管理机制优化、法规政策完善等方面提出改进建议。

一、深化理论研究

（一）强化投资理论研究

准确把握与了解农业农村环境保护投资的内涵、方式、收益、风险等，是开展与加强农业农村环境保护投资的基础前提。尽管本书已经初步分析界定了农业农村环境保护投资内涵，开展了有益探索，但今后仍需深入开展相关基础理论研究，进一步明确农业农村环境保护投资的对象范围、内容指标、估算方法等。

1. 进一步界定内容指标

以本书研究为基础，考虑农业农村环境特点、类型以及农业农村绿色发展、生态文明建设要求等，从具体行业领域、环境要素等角度，进一步细化与明确农业农村环境保护投资的对象范围、具体指标、分类标准，为规范农业农村环境保护投资统计口径、建立健全专项调查统计制度等奠定基础。

2. 进一步完善技术方法

首先，完善投资数据采集方法。整合升级已有投资统计数据联网直报系统、农户调查应用系统等，开发建立移动终端采集系统、分布式存储系统、大数据汇聚系统，实现投资统计数据的全程监测、采集与存储。其次，完善投资数据统计分析方法。在现有统计方法基础上，充分运用区块链、大数据、云计算、数据挖掘、深度分析等现代信息技术，不断提高投资数据的统计分析、加工处理与综合应用水平。最后，完善投资估算、效益测算、风险预测等方法。从农业农村生态环境与工程建设特点出发，不断完善指标估算法、比例估算法、系数估算法、生产能力指标估算法等投资估算方法，不断完善投入产出模型（投入产出模型、CGE 模型等）、经济计量模型（协整分析、回归检验模型等）、综合效益评估模型（投影寻踪模型、模糊综合评判模型等）等投资效益估算方法，不断完善决策树法、量化评价法、层次分析法等投资风险评价方法，提高其在农业农村环境保护投资中的适用性，科学合理估算农业农村环境保护投资规模、效益与潜在风险。

（二）开展投资事权研究

从根本上厘清农业农村环境保护投资的主体类别、职责权限、投资方式与动力机制等，是开展与加强农业农村环境保护投资及管理的重要基础。因此，建议在本书研究基础上，进一步开展农业农村环境保护投资事权专项研究，厘清政府与市场、政府与政府的管理边界及权责关系，特别是事权与财政支出责任，推动各个主体、各种手段、各方资金有效发挥作用，共同保护和改善农业农村生态环境。

1. 进一步明晰政府和市场作用范围

农业农村环境保护具有明显的外部性特点和公共物品属性，合理界定政府和市场作用范围，对促进资源有效配置、提高投资水平，加强农业农村环境保护非常重要。政府要明确对农业农村资源、生态与环境保护的第一责任，开展的农业农村环境保护投资不能违背公共性本质，不能开展风险性、逐利性投资，不能干预市场配置资源，要重点用于支持市场不能有效发挥作用的公益性、基础性项目，如农产品产地环境保护、耕地保护与质量提升、农田生态保护与建设、野生植物保护、水生生物保护、农业湿地保护等。要充分发挥市场配置资源的决定性作用，将市场能够做、愿意做的事情交由市场主体来完成，如农业废弃物资源化利用、农村沼气工程建设、农村污水处理、农村垃圾处理等。市场主体投资的逐利性，将会有效提高农业农村环境保护投资的效益，此时政府应制定配套政策措施，完善法律法规，既要激励市场主体参与投资农业农村环境保护、保障其合理收益，又合理规范其投资行为、防止造成新的污染和破坏。

2. 进一步界定政府间责任和事权

在事权划分理论指导支撑下，基于受益范围原则、效率原则、职权下放原则、事权与财力相适应原则等原则，充分考虑农业农村环境保护投资的属性特点，进一步界定中央政府与地方政府、同级政府不同部门间的投资责任和事权。对中央与地方政府事权划分，建议尽快制订农业农村领域中央与地方财政事权和支出责任划分改革方案等，明确中央与地方关于农业农村环境保护的具体责任和事权。首先，对涉及全局性、基础性、战略性的重大项目，或中央层级单位涉及农业农村环境保护设施建设的，例如，农业生物资源保护、草原生态保护与建设、退耕还林还草、农业农村直属单位环境监测实验室建设等，划为中央事权；其次，对涉及跨区域、跨流域、需要统筹安排的重大项目，例如，长江、黄河等重点流域及重点海域、影响较大的重点区域农业面源污染防治、农产品产地环境监测与治理修复、农业湿地保护，区域性的农业废弃物资源化利用、农村污水处理、农村垃圾处理等工程建设，划为中央与地方共同事权；最后，对地域性较强、由地方提供更方便有效的项目，例如，小型农业面源污染防治工程建设、耕地质量保护与提升、农田生态保护与建设、村容村貌建设等，充分发挥地方政府优势，划为地方事权。

二、优化投资管理

（一）优化体制机制

优化建立决策科学、运转高效、监管有力的投资体制机制，是加强与规范农业农村环境保护投资的核心问题。针对当前农业农村环境保护投资体制机制仍不顺畅，存在多头管理、事权不清、重复投资、分散投资等问题，建议进一步优化完善。

1. 优化管理体制

在目前党和国家机构改革的基础上，继续优化农业农村环境保护投资的管理体制。基于农业农村环境保护的行业性、社会性等属性特点，按照"专业的事交给专业的人""权责一致，统一效能""一件事情由一个部门负责"等原则，厘清有关部门的管理职责，尽可能减少部门职责交叉和分散，建立"业务集中组织＋监管统一实施＋投资统筹支持"的农业农村环境保护投资管理体制。具体来讲，业务上，对性质相同、用途相近的农业农村环境保护投资专项进行整合、化零为整、组合打包，由农业农村部门牵头，统一组织开展农业农村环境保护相关规划编制、任务实施、工程建设、维护管理等，并审批亿元以下中央预算内投资项目；监管上，由生态环境部门统一实施，确保农业农村环境保护工作合法合规；投资上，由发展改革、财政部门统筹协调，进一步减少对农业农村环境保护及投资的微观管控，加强对具有战略性、全局性影响的重大农业农村环境保护及投资调控，以及亿元以上中央预算内投资支持项目的审批（同时征求农业农村部门意见），统一拨付投资资金。

2. 优化运行机制

（1）决策上，进一步优化农业农村环境保护投资的决策规则和管理程序，强化投资依据、优化审批权限，完善投资项目专家评审论证和咨询评估制度，探索建立投资决策责任追究长效机制，全面推行重大建设项目公示制度，提高投资项目决策的科学化、民主化水平。

（2）执行上，深入推进简政放权，推动农业农村环境保护投资项目审批权做到应放尽放，给予下一级政府、项目实施单位等更多自主权，给予其结合实际创新资金使用方式的权限。政府层面，农业农村、生态环境、发展改革、财政等相关部门，要根据各自职责，加强协调与配合，增强投资工作的整体性和协调性，提高投资指南发布、投资项目审批、投资计划下达与分解等工作效率。

（3）监管上，政府坚持"抓两头、放中间"，强化前期资金统筹和后期绩效管理，加强农业农村环境保护投资事前论证、事中监控、事后监管，做到资金、任务等审批权限下放到哪里，绩效目标和监管责任也同步落实到哪里。完善投资项目论证、投资项目报告、项目进展调度、投资绩效评价、工程长效管护等制度；健全完善常态化的第三方监督机制、农户监督机制等，更加客观反映投资状况及相关问题，确保投资效益。

（二）制定规划计划

投资规划、计划是开展与促进农业农村环境保护投资的重要依据和指引。鉴于农业农村环境保护投资的资金规模大、实施周期长、地域要求高、潜在风险多等特点，需要站在战略与全局高度，制定相关战略规划计划，合理设计、精准投资与建设。

1. 制定战略投资计划

站在全面支撑乡村振兴、生态文明建设等高度，以时间为轴线，以相关战略的阶段目标为节点，制定农业农村环境保护战略投资计划。全面测算农业农村环境保护投资需求，估算未来一个时期农业农村环境保护的投资规模、资金来源，明确资金丰缺、筹集措施等。贯彻落实农业绿色发展规划、乡村振兴战略规划、生态文明建设规划等部署，进一步制定农业农村环境保护建设规划，分阶段明确未来建设目标、重点任务、重大工程、保障措施等，建立健全重大项目库。

2. 制定专项建设规划

从种植业、养殖业、农村人居环境等具体行业或领域着手，分类制定农业农村环境保护专项建设规划，明确未来3~5年农业农村环境保护工程项目名称、拟建地点、拟建时间、主要内容、投资规模与资金安排等，避免盲目建设，规避投资风险，提高资金效益。编制年度及未来3~5年具体投资计划，合理设计、精准投资。

三、完善法规政策

（一）完善法律法规

法律法规是开展与加强农业农村环境保护投资的根本保障。针对我国农业农村环境保护投资法律依据薄弱问题，在全面依法治国的形势背景下，借鉴有关国家经验做法，完善农业农村环境保护投资相关法律法规，减少投资的随意性，增强工作的法治化、制度化，是加强农业农村环境保护及投资的紧迫任务。

1. 修订完善现有法律，突出农业农村环境保护及投资内容

着眼于全面推进农业绿色发展、实现乡村全面振兴，建议修订完善《中华人民共和国农业法》《中华人民共和国环境保护法》等法律法规，突出农业农村环境保护及投资内容，赋予其法律地位，明确农业农村环境保护及投资的主要任务、资金投入、保障措施等；或者出台配套实施细则，对农业环境保护及投资作出更加详细具体的规定。

2. 推动地方先行探索，制定农业农村环境保护投资法规

鼓励地方从实际出发，根据区域农业农村生态环境状况、经济发展水平、环境保护资金需求等，制定出台农业农村环境保护投资地方性法规，突出农业农村环境保护投资内容，推进农业农村环境保护投资制度化、法治化，从地方率先取得突破、积累经验，进而带动面上工作开展。

3. 出台专项法律法规，提升农业农村环境保护及投资地位

从行业管理角度，建议出台全国统一的《农业农村环境保护法》或《农业农村环境保护条例》，明确农业农村环境保护的机构职责、主要内容、资金保障、管理要求等，并专章规定农业农村环境保护投资内容，强化资金投入；从资金保障角度，建议出台《农业投入法》，并专章规定农业农村环境保护投资内容，明确农业农村环境保护投资的主体、资金来源、投入领域、投资方式、投资责任等，强化农业农村环境保护投资的规范性、稳定性。

（二）健全制度政策

制度政策是开展农业农村环境保护投资的工作灵魂。解决我国农业农村环境保护投资的基础数据不全面、工作规范性不足、相关主体投入不积极等问题，建议从以下几个方面健全完善相关制度政策。

1. 健全调查统计制度，开展农业农村环境保护投资专项调查统计

（1）完善现有相关调查统计制度。对目前"全国农业资源环境信息统计调查制度""全国农村可再生能源统计调查制度""畜牧业调查统计制度""生态环境统计调查制度"等进行修订完善，增设与"农业农村环境保护投资"有关的内容，明确调查统计指标、方法及数据计算方法，有效积累农业农村环境保护投资数据。

（2）新增建立专项调查统计制度。有机整合现有调查统计制度内容，新增设立"农业农村环境保护投资"或"农业农村绿色发展投资"调查统计报表，统一规范农业农村环境保护投资或农业农村绿色发展投资的调查统计指标、方法等。

（3）在政府收支分类科目中，单列农业农村环境保护"户头"。在目前"政府收支分类科目"中，有机整合"211 节能环保支出""213 农林水支出"相关内容，并补充完善相关指标内容，单列或在其中设立"农业农村环境保护"或"农业农村绿色发展"，减少统计混淆与重复。

（4）探索开展民间投资调查统计。充分发挥金融机构、科研院所、社会智库等相关机构作用，探索开展农业农村环境保护民间投资调查统计。

2. 优化激励约束政策，加强与规范农业农村环境保护投资

（1）完善以绿色生态为导向的农业生态治理补贴制度。坚持将农业绿色发展作为农业补贴制度改革"风向标"和"导航仪"，推动农业发展由数量型转向绿色型、质量效益型。在已有制度基础上，进一步强化农业农村资源、生态、环境治理与保护补贴政策创设。第一，对耕地，加强农产品产地环境监测投入，健全例行监测点等点位设置，提高县市级监测条件水平；完善耕地地力保护补贴，建立补贴发放与耕地保护行为、保护效果等挂钩机制；健全耕地轮作休耕制度，探索重金属等环境危害因子污染耕地治理支持政策。第二，对农业用水，加快推进农业水价综合改革，建立精准补贴和节水奖励机制，加强地下水超采综合治理。第三，对农业农村废弃物，完善资源化利用补贴政策，全面实现农作物秸秆、畜禽粪污、农膜等资源化利用。第四，对面源污染治理，强化监测与治理投入支持，实现农业生产区、重要流域和

湖泊全覆盖。第五，对草原，落实好草原生态保护补奖政策，将退化和沙化草原列入禁牧范围。第六，对湿地，完善保护补偿机制，实现重要湿地生态保护补偿全覆盖。

（2）健全激励保障与约束惩戒机制。在激励保障上，全面开展农业农村环境保护补偿、补贴、税收优惠等理论研究，明确具体标准、方式等，深入推动实践探索；在已有《国家发展改革委、农业部关于推进农业领域政府和社会资本合作的指导意见》《社会资本投资农业农村指引（2021）》等政策基础上，进一步制定相关实施细则或方案，明确社会资本投资农业农村环境保护的条件要求、内容方式、审批流程、权利责任与支持政策等，提高信息透明度和可获得性，营造公平竞争的市场环境，增强投资者信心、激发投资活力，同时建立健全审查审核、备案、监督和风险保障金等机制，规范社会资本投资行为。在约束惩戒上，深入推进农业农村生态环境执法，严厉打击农业农村生态环境违法违规行为，让污染者付出代价；完善农业农村资源环境财税征收、污染赔偿等制度，推动农业农村环境污染者、农业资源利用者付费与赔偿，规范生产生活行为。

（3）建立健全农业农村资源环境产权制度。在已有理论研究、实践探索基础上，进一步完善农业农村资源环境产权制度。第一，对土壤，可在农村土地登记确权基础上，明确土地承包者、经营者等相关主体的农业农村土壤环境保护、农田环境保护的权利与责任；第二，对水，可在农村水资源确权、河长制等基础上，明确相关主体的水环境保护权利与责任，无法完全明确主体的公共水域则由组、村或乡镇等集体承担；第三，对空气，公共属性、外部性较强的环境要素，由组、村或乡镇等集体承担保护权利与责任；第四，对农业农村废弃物，则由其生产者承担分类、收集、减排等责任；第五，对草原，可在草原确权基础上，明确草原承包者、经营者等相关主体的草原环境保护权利与责任；第六，对湿地，可在农村土地登记确权（水田、池塘等）基础上，明确土地承包者、经营者的保护权利与责任，无法完全明确主体的公共沟渠、水域等湿地则由组、村等集体承担；第七，对水生生物，可在水环境、湿地等产权确定基础上，明确相关主体的保护权利与责任。

3. 健全绩效考核制度，提高农业农村环境保护投资效益

深入贯彻落实中央关于全面实施绩效管理的相关要求，加快建成全方位、全过程、全覆盖的农业农村环境保护投资绩效管理体系，提高投资资金使用效益。

（1）完善绩效考核标准。在现有农业建设项目绩效考核指标等基础上，根据农业农村环境保护投资属性特点，制定与完善针对性强、科学化、具体化、差异化的绩效考核指标体系，并合理确定指标值、考核标准等，尽可能科学、客观、合理反映农业农村环境保护投资绩效。

（2）全面开展绩效评价。在前期探索或试点基础上，进一步丰富投资绩效评价方法，加强成本效益法、因素分析法、最低成本法和公众评判法等方法的实际应用，力争科学、客观反映农业农村环境保护投资绩效。以投资专项或具体政策任务为单位，全面评估投资绩效。

（3）强化绩效结果应用。充分发挥绩效管理激励约束作用，将绩效考核结果与农业农村环境保护投资安排挂钩，确保工作及投资更好落实到位、取得实效。对绩效评价好的，在投资上优先考虑或加大投资力度；对绩效评价一般的，要提醒、约谈、督促改进；对绩效评价较差的，减少投资安排，情况严重的暂停安排投资项目。

四、强化投资应用

（一）扩大投资总量

农业农村环境保护既需要规划、政策的引领与促进，更需要投资的支撑与保障。填补我国农业农村环境保护存在的巨大资金缺口，解决广大农民群众最关注、最紧迫的生态环境需求问题，全面有效支撑乡村振兴、生态文明建设，必须发挥各类主体作用、扩大农业农村环境保护投资总量。

1. 扩大政府投资

农业农村生态环境的公共物品或准公共物品属性，使农业农村环境保护

投资具有公益性特征，政府则是首要投资主体。在现有投资基础上，借鉴欧美、日本、以色列等国家或地区的经验做法，进一步强化各级政府"三农"投入责任，不断调整完善政策措施，继续扩大政府对农业农村环境保护的投资支持力度，确保总量增加、比重提高，尤其投资支持市场不愿介入或无法介入的行业领域、工程项目，不断提高政府投资的精准性，持续夯实农业农村高质量发展、乡村振兴的生态环境基础。中央层面，在盘活资金存量的基础上，继续扩大农业农村环境保护中央预算内投资、中央预算内专项（国债）投资规模，引领带动地方政府扩大投资；扩大地方政府债券发行规模，将符合条件的农业农村环境保护工程项目纳入其中。地方层面，发行农业农村环境保护专项债券、一般债券，加大农业农村环境保护工程项目支持力度。同时，调整完善土地出让收益使用范围，进一步提高用于农业农村比例，尤其对农业农村环境保护基础设施建设倾斜支持。

2. 鼓励引导社会资本投入

资金体量大、来源广的社会资本是农业农村环境保护投资的重要力量。充分发挥政府资金"四两拨千斤"的引导和杠杆作用，进一步鼓励带动农业农村生产经营和服务主体、社会团体、金融机构等社会主体积极参与农业农村环境保护。对生产经营和服务主体，政府要发挥好引导作用，在农业农村环境保护方案制定、项目实施、资金筹措、设施运行管护等各个环节都要尊重其意愿，激发主人翁意识，调动积极性主动性，建立健全农业农村生态环境产权制度、投资补偿机制、污染者付费机制等，规范自身行为，加大农业农村环境保护投资投劳力度，从源头保护和改善农业农村生态环境。对社会团体，创新投入方式，完善激励引导政策，建立健全农业农村环境保护投资补偿机制、污染者付费机制、受益者付费机制、使用者付费机制等，鼓励引导其投资投劳农业农村环境保护。对金融机构，探索创新政府购买服务、委托经营、特许经营等方式，健全支持政策、利益补偿机制等，优化投入农业的运行机制，鼓励和引导金融资金投入参与农业农村环境保护工程项目建设、管护和运营；发挥国家专项建设基金的引导作用，不断完善"政府推进项目、银行独立审贷、双方联合监管"的合作机制，鼓励中国农业发展银行、国家开发银行等金融机构加大对农业农村环境保护建设的支持力度；盘活农业农村环境保护固定资产产权，允许小型基础设施以拍卖、承包、租赁等形式进行产权流转，拓宽贷款抵押范围，增强社会主体利用金融资本的融资能力。

3. 扩大利用外资

在引资规模上，从税收、金融、人才、审批等方面，进一步研究和制定新形势下促进农业利用外资的支持政策，降低外商投资运营成本、潜在风险，提高资金回报率，扩大农业农村环境保护利用外资规模。在引资渠道上，基于已有基础，进一步围绕农业面源污染防治、农村垃圾处理、农村污水治理、农村人居环境整治、畜禽粪污资源化利用、农业节水、生态农田建设等领域，加大美国、欧洲、日本、以色列等农业农村环境保护水平较高国家以及世界银行、亚洲开发银行、亚洲基础设施投资银行等机构的资本引入力度。在利用方式上，充分利用无偿援助、优惠贷款，进一步探索创新外资利用、合作方式，特别是加大 PPP 等方式吸引外资投资农业农村环境保护。

（二）合理结构布局

经济社会高质量发展、乡村振兴和生态文明建设等全面深入推进，推动农业农村绿色发展向全要素保护、全区域修复、全链条供给、全方位支撑转变，以实现农业投入品减量化、生产清洁化、废弃物资源化、产业模式生态化，必须合理优化农业农村环境保护投资的结构布局。

1. 拓宽投资范围

（1）在内容上，进一步巩固扩大农产品产地环境监测与治理修复、农田面源污染监测与防治、农田废弃物回收利用、耕地保护与质量提升、畜禽养殖污染监测与治理、畜禽粪污资源化利用、病死畜禽无害化处理、水产养殖污染监测与防治、草原生态保护与建设、农村人居环境保护等已有投资；开展并加大农业节水与地下水超采治理、农业生产区空气环境监测、农业投入品减量使用、农田生态保护与建设、水生生物监测与保护、农业湿地监测与保护修复、农村空气污染监测与防治等投资。在要素上，进一步巩固扩大农业农村土壤、水、废弃物等资源环境要素的污染防治与保护投资，健全完善"国家—省—县（市）各级监测站（点）"建设，建设环境污染防治与治理修复工程，配备升级场所、设施与设备；开展并加大农业农村空气、生态保护投资，建立监测站（点），配备设施设备，建设农业野生植物保护、水生生物保护、农业湿地保护等农业农村生态系统保护基地或区域，巩固草原生态保护能力，切实提高农业农村空气、生态监测与保护能力条件。

（2）在环节上，从农业农村环境调查、监测与评估等前端环节，逐步延伸至农业农村环境污染治理与修复、生态保护与建设等中后端环节。在区域上，从粮食、畜禽、水产等农业主产区，以及草原、湿地等重点生态功能区，逐步拓宽覆盖一般农业生产区、农村生活区、相关生态功能区等其他农业农村区域。

2. 优化投资结构

（1）在投资专项上，推动专项增设、提升与整合。第一，增设农业生态保护投资专项，重点开展农田生态系统监测与保护、农业野生植物保护、水生生物监测与保护、农业生物多样性保护等基础设施建设。第二，增设农业农村空气环境保护专项，重点开展农业生产区与农村生活区空气环境监测、污染防治等基础设施建设。第三，提升农业绿色发展投资专项，从已有的畜禽粪污资源化利用、农业面源污染治理、生物多样性保护等内容全面拓宽至农产品产地环境监测与治理修复、农田废弃物资源化利用等其他内容或领域；从已有的长江经济带、黄河流域等重点区域和流域全面拓宽至全国其他区域和流域。第四，提升农村人居环境整治投资专项，从已有的农村生活垃圾、生活污水治理和村容村貌提升等内容全面拓宽至农村可再生能源利用等内容；从当前的中西部省份全面拓宽至全国其他区域。第五，整合草原治理与保护投资专项，将森林草原资源培育工程投资专项、重点区域生态保护和修复工程投资专项等涉及的草原治理与保护内容有机整合，将退化、沙化严重的草原列入禁牧范围，从局部试点全面拓宽至全国范围，整体提升草原生态系统质量。

（2）在投资实施上，科学确定优先序。根据制定的投资规划、计划，建立健全农业农村环境保护投资动态项目库，并定期调整和补充，为科学精准投资奠定基础。根据形势发展、实际需求和实施条件，科学确定农业农村环境保护投资优先序，提高投资资金指向性、精准性。政府投资，重点投向公益性、基础性的非经营项目，优先投向农业农村需求最迫切、反映最强烈、问题最突出以及战略意义强的领域或项目，例如，农村"厕所革命"、农村生活污水与生活垃圾处理、农业面源污染防治等。

（三）优化投资方式

随着经济社会高质量发展深入推进、乡村振兴和生态文明建设全面实施、投融资体制改革和预算管理制度改革等加快进行，农业农村环境保护投资必须适应新形势要求，不断创新丰富投资方式，促进政府投资更精准高效、社会投资更全面有力，进一步提升投资效益。

1. 根据投资主体优化投资方式

一方面，优化政府投资方式。针对长期以来直接投资、投资补助等无偿投资方式存在的投资效益低、政府负担重问题，建议改进与创新政府投资方式，深化先建后补、以奖代补、贷款贴息、参股、控股、公办民助等投资方式，探索设立农业农村环境保护投资基金，引导和撬动社会资本投向农业农村环境保护，引导农民筹资投劳参与直接受益项目建设。同时，针对农业农村环境保护项目周期长、收益低等特点，要加大专项建设基金支持力度，解决项目建设的资本金难题，打通金融资本流入通道。另一方面，创新社会投资方式。在已有基础上，进一步创新、搞活社会资本投资农业农村环境保护领域的方式与模式，根据农业农村环境保护实际情况，通过独资、合资、合作、联营、租赁等途径，采取特许经营、公建民营、民办公助等方式，不断激发社会资本投资活力。鼓励社会资本探索通过资产证券化、股权转让等方式，盘活农业农村环境保护项目存量资产，丰富资本进入退出渠道。鼓励农民以土地经营权、水域滩涂、劳动、技术等入股或通过"一事一议"等方式民主决策，农业农村生产经营和服务主体通过股份合作、租赁等形式，广泛参与农业农村环境保护基础设施建设，激发和调动广大农民、农业农村生产经营和服务主体参与农业农村环境保护的积极性、主动性。

2. 根据项目类型优化投资方式

根据农业农村环境保护基础设施属性特点、建设运营盈利能力等，把这些基础设施分为非经营性、经营性、准经营性三类。其中，非经营性类，基础性和公益性强、盈利能力差，不适合收费，如农产品产地环境保护、农业面源污染防治、耕地保护与质量提升、农田生态保护与建设、野生植物保护、水生生物保护、农业节水、农区空气环境监测、村容村貌建设、农业湿地保护、草原生态保护与建设等相关设施，可由政府为主建设，采取政府直接投资、政府购买服务、政府投资补助、公办民助等方式，或与其他项目打包建设融资、鼓励农民筹资投劳；经营性类，盈利能力强、市场前景好，如农村沼气工程、农村污水处理、农村垃圾处理、农业生物质能源发电等相关设施，可用技术手段明确服务对象，通过使用者付费收回成本，政府创造制度条件，采取社会资本直接投资、政府投资补助、政府资本金注入、政府贷款贴息、政府以奖代补、政府与社会资本合作（PPP 模式）、利用外资等方式；准经营性类，有一定盈利能力、但收费不足以弥补建设成本，如农村厕所改建、农业废弃物资源化利用、畜禽养殖污染防治、水产养殖污染防治、病死畜禽无害化处理等相关设施，可由企业建设管理，使用者付费承担部分成本，政府补贴差额部分，采取社会资本直接投资、政府投资补助、政府资本金注入、政府以奖代补、政府与社会资本合作（PPP 模式）等方式。

参考文献

［1］ 保罗·萨缪尔森，威廉·诺德豪斯．经济学［M］．萧琛，译．北京：中国人民大学出版社，1998．

［2］ 鲍勃·杰索普．治理的兴起及其失败的风险：以经济发展为例的论述［J］．国际社会科学（中文版），1999（2）：31－48．

［3］ 昌敦虎，王鑫，安海蓉，等．我国环境保护投资统计口径调整方案研究［J］．环境经济，2010（7）：34－39．

［4］ 常江，朱冬冬，冯姗姗．德国村庄更新及其对我国新农村建设的借鉴意义［J］．建筑学报，2006（11）：71－73．

［5］ 车国骊，田爱民，李扬，等．美国环境管理体系研究［J］．世界农业，2012（2）：43－46．

［6］ 陈鹏，逯元堂，陈海君，等．我国环境保护投融资渠道研究［J］．生态经济，2015，31（7）：148－151．

［7］ 陈颖，吴娜伟，马涛，等．日本经验对中国农村环保的启示［J］．世界环境，2018（2）：78－81．

［8］ 程明广，方杰．以色列节水农业对四川发展节水生态农业的启示［J］．经济师，2021（7）：112－114．

［9］ 辞海编辑委员会．辞海［M］．上海：上海辞书出版社，1979．

［10］ 戴维·皮尔斯，杰瑞米·沃福德．世界天相：经济学、环境与可持续发展［M］．张也秋，等译．北京：中国财政经济出版社，1996．

［11］邓小刚．立足新形势新任务新要求　开创农业农村投资新局面［J］．农村工作通讯，2022（17）：4 – 6．

［12］邓勇，陈方，王春明，等．美国生物质资源研究规划与举措分析及启示［J］．中国生物工程杂志，2010，30（1）：111 – 116．

［13］董杨．生态文明建设视阈下农业环境规制的投资效率问题研究［J］．宏观经济研究，2020（5）：118 – 129，175．

［14］高云才．中国农业有底气应对经济风险：访中央农办主任、农业农村部部长韩长赋［J］．农村工作通讯，2018（19）：5 – 6．

［15］郭永田．市场经济下我国农业基本建设投资体制改革研究［D］．北京：中国农业大学，1999．

［16］国家发展和改革委员会．农村基础设施建设发展报告（2013 年）［R］．2013．

［17］国家发展和改革委员会．农村基础设施建设发展报告（2011 年）［R］．2011．

［18］国家林业和草原局．中国退耕还林还草二十年（1999—2019）［R］．2020．

［19］国土资源部中国地质调查局．中国耕地地球化学调查报告（2015 年）［R］．2015．

［20］韩旭．调整事权划分：央地关系思辨及其改善路径［J］．探索，2016（6）：45 – 50．

［21］汉姆·列维．投资学［M］．任淮秀，等译．北京：北京大学出版社，1999．

［22］何旭东，侯立松，孙冬煜，等．环境投资理论研究与发展［J］．四川环境，1999，18（1）：28．

［23］侯荣华．固定资产投资效益及其滞后效应分析［J］．数量经济技术经济研究，2002（3）：17 – 21．

［24］侯世忠，曲绪仙，崔红，等．赴美畜禽粪污无害化处理及资源化利用技术培训总结［J］．山东畜牧兽医，2018，39（6）：46 – 52．

［25］霍金鹏．以色列缔造的农业奇迹［J］．中国经济报告，2016（12）：114－117．

［26］季莉娅，王厚俊．美国、法国、日本3国政府对农业投资状况分析及经验借鉴［J］．世界农业，2014（1）：60－63．

［27］贾小梅，董旭辉，于奇，等．中日农村环境管理对比及对中国的启示［J］．中国环境管理，2019，11（2）：5－9．

［28］蒋洪强，曹东，王金南，等．环保投资对国民经济的作用机理与贡献度模型研究［J］．环境科学研究，2005（1）：71－74．

［29］焦冠杰，许月奎，孙凯臻．以色列节水农业对辽宁省朝阳市农业发展的借鉴作用［J］．山西农经，2018（16）：43，45．

［30］金成波，江澎涛．美国行政立法中OIRA的作用［J］．中国发展观察，2013（1）：57－59．

［31］鞠洪良，孙钰．我国农村环境保护投融资机制中的问题及对策研究［J］．农村经济，2010（11）：67－70．

［32］寇明风．政府间事权与支出责任划分研究述评［J］．地方财政研究，2015（5）：29－33．

［33］赖红兵，鲁杏．国外农业现代化和农村水利建设经验对我国的启示［J］．中国农业资源与区划，2019，40（11）：266－273．

［34］冷罗生．日本应对面源污染的法律措施［J］．长江流域资源与环境，2009，18（9）：871－875．

［35］李靖，于敏．美国农业资源和环境保护项目投入研究［J］．世界农业，2015（9）：36－39．

［36］李锐．中国农业投资研究［J］．农业技术经济，1996（4）：33－37．

［37］李燕凌，张远．以色列农业推广体系的特色及其经验借鉴［J］．湖南农业大学学报（社会科学版），2013，14（3）：59－64．

［38］李忠东．引人瞩目的以色列节水农业（下）［J］．福建农业，2011（6）：29．

［39］刘北桦，詹玲，尤飞，等．美国农业环境治理及对我国的启示［J］．中

国农业资源与区划，2015，36（4）：54－58.

［40］刘超，刘蓉，朱满德. 高保护经济体农业支持政策调整动态及其涵义：基于欧盟、日本、韩国、瑞士、挪威、冰岛的考察［J］. 世界农业，2020（4）：13－22，30.

［41］刘冬梅，管宏杰. 美日农业面源污染防治立法及对中国的启示与借鉴［J］. 世界农业，2008（4）：36.

［42］刘洪彬，孙福军，王秋兵. 城市化进程中农户对农村环境投资需求分析：以南京市城乡边缘区为例［J］. 生态经济（学术版），2008（2）：354－357.

［43］刘健. 基于城乡统筹的法国乡村开发建设及其规划管理［J］. 国际城市规划，2010，25（2）：4－10.

［44］刘铁柱. 以色列农业科技推广和管理体系建设及其启示［J］. 山西农业大学学报（社会科学版），2018，17（12）：39－45.

［45］刘小鹏，王亚娟. 民族地区农业生态环境保护投融资机制研究［J］. 经济问题探索，2006（10）：153－156.

［46］刘学之，王潇晖，智颖黎. 欧盟环境行动规划发展及对我国的启示［J］. 环境保护，2017，45（20）：65－69.

［47］刘宇航，宋敏. 日本环境保全型农业的发展及启示［J］. 沈阳农业大学学报（社会科学版），2009，11（1）：13－16.

［48］龙献忠，杨柱. 治理理论：起因、学术渊源与内涵分析［J］. 云南师范大学学报（哲学社会科学版），2007（4）：30－34.

［49］卢英方，周文理，俞锋，等. JICA 中国农村污水处理技术系统及管理体系构建项目访日研修报告［J］. 小城镇建设，2016（12）：95－104.

［50］卢璇屹. 2014—2020 年欧盟共同农业政策的措施、成效与启示［J］. 福建农业科技，2021，52（12）：85－91.

［51］芦千文，姜长云. 乡村振兴的他山之石：美国农业农村政策的演变历程和趋势［J］. 农村经济，2018（9）：1－8.

［52］逯元堂，吴舜泽，陈鹏，等. "十一五" 环境保护投资评估［J］. 中国

人口·资源与环境，2012，22（10）：43 – 47.

[53] 罗东. 我国中央政府农业投资分析 [D]. 北京：中国农业科学院，2014.

[54] 马红坤，曹原，毛世平. 欧盟共同农业政策的绿色转型轨迹及其对我国政策改革的镜鉴 [J]. 农村经济，2019（3）：135 – 144.

[55] 马红坤，毛世平. 欧盟共同农业政策的绿色生态转型：政策演变、改革趋向及启示 [J]. 农业经济问题，2019（9）：134 – 144.

[56] 马云华. 造就以色列农业神话的秘密 [J]. 农家之友，2019（4）：28 – 29.

[57] 买永彬. 重视农业环保工作为子孙后代造福：为纪念农业部环境保护科研监测所建所十周年而作 [J]. 农业环境科学学报，1989（6）：6 – 9.

[58] 毛程连. 西方财政思想史 [M]. 北京：经济科学出版社，2003.

[59] 毛世平，龚雅婷. 日本农业基本建设投资体系的演变、特征及其启示 [J]. 中国软科学，2017（10）：1 – 11.

[60] 梅坚颖. 欧盟共同农业政策（2014—2020）的主要做法及对我国实施"乡村振兴"战略的启示 [J]. 西南金融，2018（11）：64 – 69.

[61] 慕慧娟，崔光莲. 资源环境约束下的以色列农业发展对中国西北地区的启示 [J]. 世界农业，2015（5）：56 – 59，85.

[62] 倪心一. 国外农业固定资产投资研究 [J]. 中国农村经济，1992（7）：58 – 63.

[63] 牛坤玉，金书秦，陈艳丽，等. 农村人居环境治理的优先问题和资金来源初探 [J]. 农村金融研究，2019（1）：15 – 20.

[64] 农业农村部，生态环境部. 中国渔业生态环境状况公报（2019 年）[R]. 2019.

[65] 农业农村部. 2019 年全国耕地质量等级情况公报 [R]. 2020.

[66] 农业农村部农业生态与资源保护总站. 2019 农业资源环境保护与农村能源发展报告 [M]. 北京：中国农业出版社，2019.

[67] 彭峰，李本东. 环境保护投资概念辨析 [J]. 环境科学与技术，2005

（3）：72 - 74，119.

[68] 戚道孟，王伟. 农业环境污染事故处理中的几个法律问题 [J]. 中国环境法治，2007（1）：155 - 160.

[69] 齐峰，吕云涛. 美国农地保护政策及其借鉴意义 [J]. 理论观察，2014（7）：84 - 85.

[70] 邱福林，穆兰. 农业固定资产投资与农业经济增长关系的研究：基于协整和灰色关联度的分析 [J]. 四川经济管理学院学报，2010，21（2）：14 - 17.

[71] 邱楠，曾福生. 日本农业支持保护制度改革及其对中国的启示 [J]. 世界农业，2018（9）：190 - 196.

[72] 染野宪治. 日本农村环境保护的经验 [J]. 中国机构改革与管理，2018（8）：44 - 48.

[73] 阮思甜. 我国水产养殖业需加快推进高质量发展 [J]. 农经，2021（Z1）：46 - 50.

[74] 沈云亭. 以色列农业发展经验及对我国农业现代化的启示 [J]. 农村·农业·农民（B 版），2019（3）：33 - 37.

[75] 生态环境部，国家统计局，农业农村部. 第二次全国污染源普查公报 [R]. 2020.

[76] 盛立强. 以色列现代农业发展中的政府支持 [J]. 合作经济与科技，2014（12）：6 - 7.

[77] 史磊，郑珊. 日本农村环境治理中的农户参与机制及启示 [J]. 世界农业，2017（10）：48 - 53.

[78] 史磊，郑珊. "乡村振兴"战略下的农村人居环境建设机制：欧盟实践经验及启示 [J]. 环境保护，2018，46（10）：66 - 70.

[79] 宋洪远. 中国农村改革三十年历程和主要成就 [N]. 中国经济时报，2008 - 04 - 24（424）.

[80] 宋洋. 欧盟农村发展支持政策研究 [D]. 保定：河北农业大学，2018.

[81] 孙冬煜，王震声，何旭东，等. 自然资本与环境投资的涵义 [J]. 环境

保护，1999（5）：38－40.

[82] 汤尚颖，徐翔. 准确理解生态投资的内涵［J］. 理论探索，2004（6）：86－87.

[83] 汤爽爽，冯建喜. 法国快速城市化时期的乡村政策演变与乡村功能拓展［J］. 国际城市规划，2017，32（4）：104－110.

[84] 唐建兵. 美好乡村环境治理中的投融资渠道探析：以安徽为例［J］. 荆楚学刊，2014，15（4）：43－47.

[85] 陶战，赵玉钢，刘铭简，等. 农业环境保护科技工作20年总结［J］. 农业环境与发展，1993（1）：2－9，22，47.

[86] 陶战. 全国农业环境质量监测工作进展［J］. 农业环境与发展，1999（4）：5－8.

[87] 汪劲. 环境正义：丧钟为谁而鸣［M］. 北京：北京大学出版社，2006.

[88] 王程龙. 关于乡村公共基础设施建设管护补短板的思考：以农村人居环境基础设施为例［J］. 农业农村部管理干部学院学报，2020（4）：16－18.

[89] 王富强，张天柱. 现代农业发展体系初探：以色列农业考察纪实［J］. 蔬菜，2017（10）：51－53.

[90] 王恒. 以色列农业发展成就对我国农业发展的启示［J］. 中国市场，2018（5）：91－92.

[91] 王红彦，王飞，孙仁华，等. 国外农作物秸秆利用政策法规综述及其经验启示［J］. 农业工程学报，2016，32（16）：216－222.

[92] 王会芝. 欧盟农村环境治理的路径选择［N］. 中国社会科学报，2021－03－22.

[93] 王岚，马改菊. 以色列现代农业发展的影响因素、特征及启示［J］. 世界农业，2017（1）：173－178.

[94] 王丽民，刘永亮. 环境污染治理投资效应评价指标体系的构建［J］. 统计与决策，2018，34（3）：38－43.

[95] 王敏. 美国农业信贷制度及其经验启示［J］. 理论月刊，2016（5）：

182 – 188.

［96］王世群. 2014 年美国新农业法农业环境保护政策分析［J］. 世界农业，
2015（8）：88 – 91.

［97］王文军. 我国农村环境保护投融资存在的问题与建议［J］. 经济纵横，
2006（12）：18 – 19.

［98］王文强. 对历年"中央一号文件"的回顾与展望［J］. 吉林农业，
2018（3）：13 – 17.

［99］王夏晖，王波. 农村环保资金从哪来、到哪去［J］. 中华环境，2015
（9）：44 – 45.

［100］王晓琳，李元杰. 日本农村地区环境管理经验与启示：以岛根县为例
［C］//2017 中国环境科学学会科学与技术年会论文集（第一卷），
2017：193 – 198.

［101］王燕. 美国防治农业面源污染的法规对策借鉴［J］. 社科纵横，2018，
33（12）：96 – 100.

［102］王子郁. 中美环境投资机制的比较与我国的改革之路［J］. 安徽大学
学报，2001（6）：7 – 12.

［103］威廉·F. 夏普，戈登·J. 亚历山大，杰弗里·V. 贝利. 投资学［M］.
北京：中国人民大学出版社，1998.

［104］魏四新，郑娟. 固定资产投资对经济发展影响的研究：基于陕西
1978—2013 年数据分析［J］. 调研世界，2014（10）：11 – 15.

［105］吴迪，张薇薇，王亦宁，等. 典型地区农村水环境治理投融资模式及
经验启示［J］. 中国水利，2018（12）：61 – 64.

［106］吴舜泽，陈斌，逯元堂，等. 中国环境保护投资失真问题分析与建议
［J］. 中国人口·资源与环境，2007（3）：112 – 117.

［107］吴舜泽，逯元堂，朱建华，等. 中国环境保护投资研究［M］. 北京：
中国环境出版社，2014.

［108］吴炜，施六林，王艳，等. 国内外农业设施节水现状及展望［J］. 安
徽农业科学，2015，43（1）：104 – 105，113.

[109] 徐文通. 投资辞典 [M]. 北京：中国人民大学出版社，1992.

[110] 许标文，王海平，林国华. 欧美农业绿色发展政策工具的应用及其启示 [J]. 福建农林大学学报（哲学社会科学版），2019，22（1）：13 - 19.

[111] 杨军，张铁亮. 我国农业事权划分：一个总体框架 [J]. 改革，2017（7）：78 - 85.

[112] 杨丽君. 以色列现代农业发展经验对我国农业供给侧改革的启示 [J]. 经济纵横，2016，367（6）：111 - 114.

[113] 杨学峰，杨学成. 农业固定资产投资与农业经济增长关系研究 [J]. 安徽农业科学，2013，41（11）：5098 - 5101.

[114] 易鑫，克里斯蒂安·施耐德. 德国的整合性乡村更新规划与地方文化认同构建 [J]. 现代城市研究，2013，28（6）：51 - 59.

[115] 于康震. 在水产养殖业绿色发展现场会上的讲话（2019）[EB/OL]. http：//www. moa. gov. cn/xw/bmdt/201911/t20191105＿6331379. htm，2019 - 11 - 05.

[116] 袁芳，张红丽，陈文新. 西北地区农业投资与经济增长的非均衡关系实证 [J]. 统计与决策，2020，36（18）：123 - 127.

[117] 张宝文. 保护性耕作：保障粮食安全和生态文明的重要措施：在2008中国保护性耕作论坛上的讲话 [J]. 农机市场，2008（5）：16.

[118] 张红丽，张文彬，郁兴德. 以色列节水农业对中国发展节水生态农业的启示 [J]. 生态经济（学术版），2007（2）：252 - 254.

[119] 张洁. 美国农业基础设施融资问题及启示 [J]. 世界农业，2016（1）：167 - 172.

[120] 张坤民. 中国环境保护投资报告（第一版）[M]. 北京：清华大学出版社，1992.

[121] 张鹏，梅杰. 欧盟共同农业政策：绿色生态转型、改革趋向与发展启示 [J]. 世界农业，2022（2）：5 - 14.

[122] 张世秋，安树民，王仲成. 评析中国现行环境保护投资体制 [J]. 中

国人口·资源与环境，2001（2）：107 –111.

[123] 张铁亮，高尚宾，周莉. 德国农业环境保护特点与启示 [J]. 环境保护，2012（5）：76 –79.

[124] 张铁亮，刘潇威，王敬，等. 农业环境监测战略与政策 [M]. 北京：中国农业出版社，2022.

[125] 张铁亮，王敬，刘潇威，等. 农业生态功能价值与政策研究 [M]. 北京：科学出版社，2021.

[126] 张铁亮，王敬，张永江，等. 农业事权划分研究：现状、问题与对策 [J]. 农业部管理干部学院学报，2017（4）：45 –53.

[127] 张铁亮，杨军，王敬. 农业事权划分研究：国外经验与启示 [J]. 中国农业资源与区划，2017，38（5）：230 –236.

[128] 张铁亮，周其文，赵玉杰，等. 中国农业环境监测阶段划分、评判分析与改进思路 [J]. 中国农业资源与区划，2015（7）：169 –176.

[129] 张燕，陈胜. "包容性增长"理念下中国农村环境保护投融资法律保障机制研究 [J]. 中国发展，2012，12（1）：11 –16.

[130] 张永江，张铁亮. 实施乡村振兴战略对农业农村投资影响初探 [J]. 中国经贸导刊（中），2018（29）：42 –44.

[131] 张玉环. 美国农业资源和环境保护项目分析及其启示 [J]. 中国农村经济，2010（1）：83 –91.

[132] 赵芳，贾小梅，李冬. 日本农村污水治理经验对中国实施乡村振兴战略的借鉴 [J]. 世界环境，2018（2）：19 –23.

[133] 赵静. 美国、日本和法国3国中央政府农业投资的主要做法和经验 [J]. 世界农业，2015（4）：91 –95.

[134] 中国财政科学研究院宏观经济研究中心课题组. 政府投资效果评价研究：对国家预算内固定资产投资的宏观效应分析 [J]. 财政科学，2017（9）：93 –111.

[135] 中国农业绿色发展研究会，中国农业科学院农业资源与农业区划研究所. 中国农业绿色发展报告（2021）[M]. 北京：中国农业出版社，

2022.

[136] 钟锦文，钟昕. 日本垃圾处理：政策演进、影响因素与成功经验 [J].
现代日本经济，2020（1）：68 – 80.

[137] 周清波，肖琴，罗其友. 中国农业绿色发展财政扶持政策创设研究
[J]. 农学学报，2019，9（4）：7 – 12.

[138] 周玉新，唐罗忠. 日本农业环保政策及对我国的启示 [J]. 环境保护，
2009（21）：68 – 70.

[139] 朱建华，逯元堂，吴舜泽. 中国与欧盟环境保护投资统计的比较研究
[J]. 环境污染与防治，2013，35（3）：105 – 110.

[140] 朱建华，徐顺青，逯元堂，等. 中国环保投资与经济增长实证研究：
基于误差修正模型和格兰杰因果检验 [J]. 中国人口·资源与环境，
2014，24（S3）：100 – 103.

[141] 朱艳菊. 以色列农业技术推广体系的分析和借鉴 [J]. 世界农业，
2015（2）：33 – 38，203.

[142] 宗会来. 以色列发展现代农业的经验 [J]. 世界农业，2016（11）：
136 – 143.

[143] 宗会来. 以色列农业发展启示 [J]. 中国畜牧业，2016（14）：48 –
50.

[144] 宗会来. 以色列农业生产特点和农业政策介绍 [J]. 中国畜牧业，
2016（13）：55 – 58.

[145] 邹力行. 美国农村基础设施建设基金特点及启示 [J]. 经济研究参考，
2015（4）：49 – 50.

[146] Costanza R, d' Arge R, de Groot R, et al. The Value of the World's Eco-
system Services and Natural Capital [J]. Nature, 1997, 387: 253 – 260.

[147] De Long J B, Summers L H. Equipment Investment and Economic Growth:
How Robust Is the Nexus? [R]. Brookings Papers on Economic Activity,
1992: 155 – 199.

[148] Ribaudo M, Cattaneo A, Agapoff J. Cost of Meeting Manure Nutrient Ap-

plication Standards in Hog Production：The Roles of EQIP and Fertilizer Offsets［J］. Review of Agricultural Economics，2010，26（4）：430 – 444.

［149］Willingham Z. 气候变化背景下，美国发展农业和农村信贷的经验教训［C］//清研智库系列研究报告，2021（2）：19 – 24.